読みなおす日本史

大地震

古記録に学ぶ

宇佐美龍夫

吉川弘文館

目　次

大地震

古記録に学ぶ

はじめに──地震史研究の重要性──

わが国の被害地震の分布図をみると、日本中いたる所に地震が発生し、逃げ場がないようにみえる。しかし、注意してみると、同じ地点で同じくらいの規模の地震が発生することは、そう多くはない。いいかえれば、日本人が自分の生まれた土地で一生を終えるとして、同じような地震で二回も被害を受けることは、まずあり得ないのである。詳しくしらべると、太平洋沖には規模八クラスの巨大地震が次々に発生しているようであるが、同一地点についてみれば、約百年以上の間をおいて発生している（場所によっては百年よりも短い所もある。例　北海道南東沖）。また内陸の地震についてみると、この地震発生の間隔は約千年といわれている。

したがって、大地震は日本人にとっては、ほとんど常に新しい経験であり、自己の経験を次に生かすということは少ない。こういうことはない方が望ましいのであるが、災害を軽減するという立場からみると、先祖の経験の伝承よりは、自己の経験の方が有効であることはいうまでもない。しかし、地震の場合は、その発生間隔の問題もあって、先祖の経験を生かさなければ有効な災害対策を立てにくいのである。

いっぽう、わが国で地震の近代的観測が始ったのは明治五年（一八七二）であるし、学問としての地震学が生まれたのは明治一三年である。この年に横浜地震があり、それに驚いた外国人招へい教師らによって、同年に日本地震学会が設立され研究が開始せられた。その後、地震観測・研究は日をおって進歩したが、現代地震学の眼からみると、信頼のおける観測は昭和になってからの約九〇年にすぎない。

こういう現状に立脚して地震予知を考えると、その長期的予測にとっても、災害予測ひいては災害対策にとっても、古い地震を調査することが如何に重要であるかが理解できるであろう。

明治二四年（一八九一）一〇月二八日に濃尾地震があり、建物全半壊二二万余、死者七千余という大被害をもたらした。これを機として翌明治二五年には震災予防調査会が発足した。その仕事の一つとして、古地震の史料の収集が含まれていた。わが国の古地震の調査・研究はこの時に本格的に始ったとみてよいであろう。しかし、当時は、古地震を調査して、どこに地震が多いかということをしらべるのがおもな目的だったらしい。こうして、田山実（田山花袋の長兄）が地震史料の収集を担当することとなり、約一〇年をついやして、多くの古記録の中から地震に関する記事を抜き出して地震史料を整理刊行した。その後、しばらく古地震史料収集の仕事は途だえたかにみえる。昭和の初めになると武者金吉がこの仕事をうけついで、新たな視点から地震史料の収集をおこない、田山の史料の増訂版を出版したのが昭和一六～二四年であった。こうして、有史以来、江戸時代末までの史料が全四〇〇〇ページにわたる史料集として刊行されるにいたった。そのなかには計六〇〇〇〇の地震が集められている。この六〇〇〇〇という数は大地震の余震を含んでいない数字である。

こういう史料をもとにして、河角は地震の危険度を示す河角マップや、関東地震六九年周期説を発表した。前者は地震工学上の基本となるものであり高く評価されている。後者は地方自治体や住民に、ともすれば忘れがちな地震現象への関心を呼びおこし、地震対策策定上の基本的指導原理を提供した。

しかし、古地震史料の収集は、武者の仕事の完成以後はほとんど進まなかった。六〇〇〇〇ページの史料があれば通常の調査研究にはこと足りる。地震学者は現代的研究におわれて古い地震に目を向ける余裕も少なかった。しかし、現代地震学の進歩に伴って新しい要求が古地震に対して発せられるようになった。東海沖地震に関連して、宝永四年（一七〇七）のいわゆる宝永地震で、駿河湾内が震源地であったかどうかという問題が提起されたのはその一例である。こういう新しい問題提起に対して、従来集められている地震史料では不十分な場合がある。新しい問題には新しい史料が必要なのである。このようにして、地震予知計画の発展とともに古地震の重要性が見なおされるようになってきた。

私はちょうどその頃、今からみれば約五年前（昭和四七年頃）から、偶然の事で古地震史料の収集をはじめるようになった。集めてみると、武者氏の集めたもの以外に新しい史料がゾクゾクと発見されるのには驚いた。しかも内容的に従来の史料にないものを含むものが多く、いつの間にか史料に魅せられて、ミイラとりのつもりがミイラになってしまった。最近は国史学者の協力も得られ、大名の史料も収集できるようになってきた。こうして新史料を集めてみると、古地震の中には見解を変える必要のあるものも出てくるし、それが現代地震学に貢献することもわかってきた。そんなわけで、古地震史料の収集が再開され、組織的におこなわれつつある。

古地震の史料は、過去の大地震の地震学的調査に役立つことはいうまでもないが、災害予測にも有効である。現在、災害予測というと⑴過去の例などから予想される地震の位置・深さ・規模・地震のおこり方（断層の方向・すべりの方向・その量など）を推定する。⑵この予想地震にもとづいて、各地の地面の加速度を計算する。通常は基盤加速度といって地下数十メートルの基盤の加速度を求める。⑶その土地土地の地盤の良否を考慮して、地表面の加速度を計算する。⑷地上の構造物の強度・構造・新旧などを加味して、地上の構造物に対する影響を推定する。勿論震度も推定する。こうして被害を予測するのであるが、この計算は大変時間がかかるし、たとえば個人の家一軒ごとに予測を立てるということはとうていできない。地域ごとの予測をたてるということになる。実はこうして求めた推定震度を過去に似た地震があれば、それと比較する。そうして両者に差があれば、通常は過去の事例の方を正しいとする。勿論、災害予測の手法が進歩し、各地の予測震度が正しく求められるようになれば、古地震の史料を参考にする必要はなくなるのだが、それには、まだまだかなりの時日を要するであろう。

こういう状況であるから古史料を収集し、土地の事情に詳しい郷土史家が分析すれば、それは計算で求めた予測よりは正しいものと思われる。というのは、過去の地震というのは一つの大きな実験であり、震源の位置・規模・おこり方・震源からの距離・地盤の強弱・構造物の強度などのすべての影響がおりこまれた結果が被害となって出ているので、机上の計算の場合とちがって仮定は一つも入っていない。自然が過去に大きな実験をしてくれたのである。その結果を分析する方がよい事は明らかである。しかし、分析に足る史料が見出せなければ如何ともなしがたい。まず、そういう史料が埋もれていないかどうか、収集の努力をする事が先決である。郷土史家が分析すれば、当時被害のあったのは今の○○町のどこの四つ辻で、その東隣りは被害がなかったとか、といったような細いことがわかる。そうして、被害のあった所は次回も被害があるであろうし、前に被害のなかった所は今度もないであろうと予測するのは正しい。しかし、注意をしなければならないのは、昔と今とでは構造物の形式や強さが異なるわけで、その違いを考えて予測をしなければならない事である。いちがいに昔より現在の構造物の方が強いとはいいきれないことは、今年（昭和五三年）六月一二日の宮城県沖地震の例をみてもわかることである。このように、古地震の史料は災害予測にも大いに有効に利用できるのである。

今年の六月には「大規模地震対策特別措置法」も参議院を通過し、各地方自治体も、それぞれの地震環境に応じて対策を立てることになると思われる。対策の基本は何といっても過去にどのくらい地震があり、今度どんな地震が予測されるかということであろう。そのためには、他人の作った地震表を抜き書きするというような安易な方法をすてて、新しい史料の収集から始めることを推めたい。そのことの重要性は本書を読んでいただければ明らかであろう。そうして、各地方の独自の地震史を作り上げることが大切である。収集された史料はできれば私に御連絡いただきたい。被害のようすをしらべるのであれば、自治体の範囲内の史料でまず十分である（実際には江戸時代における諸藩の転封などのこともあり、遠方に自分の属する地方の記録が残っていることも多い）が、地震の全貌を明らかにするには隣接地方の史料とも合せて調査研究する必要があるからである。

現代では地震がおこると、専門家が現地にでかけて各種の調査をおこない、膨大な資料が整理印刷されるのが常である。しかし、こういう科学的資料は学術的に価値は高くても、いっこうに面白くない。そこに住んでいる生きた人々の声がないからである。これに比べると、古史料には藩や幕府の公式記録の他に、庶民の体験を記したものが多く、人々が地震をどう考え、どのように対応したかということがわかって、地震対策上大いに有効である。こういう生の記録を軸にして本書は作られている。

これに関連して思うのは、明治以来の大地震についての「体験談集」というものが案外少ないことである。貴重な体験は直接人々の心に深く訴えるものがある筈である。体験者の元気なうちに、大地震の体験談集をまとめるのも、一つの災害軽減対策といってよいと思う。多くの自治体でとり上げられるようになってほしいものである。

現在、各地方の旧家に残っている史料は散逸の危機にあるのではないだろうか。幸に各県市町村で地方史のへんさんが盛におこなわれているようで、その過程で多くの地震史料が発見されるであろう。全国的にも、地震に対する関心が高まってきているときでもある。なんとか史料を収集して、後世に残したいと思うのは、私だけではないであろう。明治以来おこなわれてきた古地震史料の収集は、ときどき途絶えはしたが今につづいている。しかも、全国民的な関心の中で、第三の収集期に入っている。この期をのがさずにできるだけ多くの史料を残したいものである。

地震の史料は集めただけでは用をなさない。それを活用するのは、利用するわれわれの態度にあることを忘れてはならない。第八章の越後三条地震は液状化現象のよい例であるが、液状化現象が鉄筋コンクリート造りの建物を傾倒させることに気づいた学者は、新潟地震以前にはいなかった。こういうことは、史料を読みこなすことが如何に難しいかを示している。同じように史料から地震のさいの教訓を引き出すのもわれわれの責務なのである。

地震史の研究は世界的に活発になってきた。中国は三〇〇〇年にわたる地震史を一応とりまとめた。アメリカでも地震史料の収集と調査がおこなわれている。地震の少ないイギリスでさえも、過去の史料によって、ここ数百年間の地震史を再構築している。こういう世界的な関心の高まりの中で、最も豊富な史料のある日本の古地震を、そのエピソードを中心にまとめたのが本書である。

地震史調査の重要性を理解していただければ幸である。

1　慶長地震

『日本西教史』より

慶長元年閏《うるう》七月七日（一五九六年八月三〇日）大坂ニ於テハ午後八時ヨリ始マリ、閏七月一二日（九月四日）ノ夜半、一層甚シク、事急ニシテ人々家ヲ出ル暇ナク、瓦ノ下ニ埋マレシ者多シ。太閤《たいこう》殿下ノ宮殿ハ大廈高楼《たいかこうろう》尽ク壊レ、彼ノ千畳座敷、並ニ城櫓二ヵ所倒レタリ。此楼ハ七八層ニシテ……地震ハ半時間計《ばかり》ニシテ止ミ、死セル者六百余人、諸所ノ仏堂概《おおむ》ネ頽破シ、仏僧モ仏像モ、トモニ瓦礫《がれき》ノ下ニ敷カル。此地震ノ起ルトキ、大地鳴動シ、恰モ大海ノ飜《ひるがえ》り、巨濤《きょとう》ノ岸ニ触レテ崩ルルガ如クナリ。

大坂ニ居タル耶蘇《やそ》教師、此ノ大変ヲ記シテ云ク。地震ニ先ヅ些時、或ル仏堂ヲ過ギレルニ、一人ノ僧説法ヲナシ、阿弥陀ヲ祈禱スルモノハ、死後ニ幸福ヲ授ケラルナドト巧言ヲ以テ聴衆ヲ感ゼシメ、且ツ弥陀ハ衆人ノ為メニ安全ヲ願フコトヲ説キ、常ニ弥陀ヲ信ズレバ、救抜セラルルコト疑ヒ無シト云フ。其言終レバ、満坐ノ者、声ヲ発シ、阿弥陀仏ヲ数回称名ス。然ルニ此時阿弥陀ハ必定坐睡セシナラン。即夜仏堂倒レ、弥陀ノ像砕ケ、微塵トナリ、数多ノ仏僧圧死シ、彼ノ説法人ハ傷ヲ蒙レリ。弥陀ノ死ヲ救ヒシモノハ、此僧一人ノミ。市民ノ恐怖ハ譬《たと》フルニ物ナク、家ノ破壊ヲ恐レテ、皆街上ニ立チ半死半生ノ体ナリキト。

又一ノ耶蘇教師、京都ノ事ヲ記セルニハ、九月五日（閏七月一三日）ノ夜十一時。一天能ク晴レシニ、遽《にわ》カニ大地震起リ、地下ニ雷ノ如キ響聞へ、処々家ノ崩ルル音、梁柱ニ圧セラルル叫喚ノ声、囂々《ごうごう》トシテ恰モ大礮《たいほう》ヲ放チシ後チニ、其響ノ鳴リ渡ルガ如クナリシカバ、冥府ノ諸王地下ニ戦フナラント云フ者アリ……京師ニ近キ高名ナル仏堂倒レテ、彼ノ大仏ノ像モ壊レ、其外黄金仏ノ巧ミニ作ルモノ千二百体中ニ六百体ハ互ニ触レテ毀損《きそん》セリ。是レハ則鬼神ノ地下ニ戦ヘル証拠ナリト言ヘルトゾ。

其実ハ天帝変災ヲ国中へ降シ、此ノ剛慢ナル老法王（太閤殿下のこと）ノ暴威ヲ打チ砕キシナリ。又伏見ハ驕奢ノ地ナリ。因《よっ》テ此地ニ凶変ヲ降セシハ、天帝其怒ヲ示セシナリ。此時美麗ナル宮殿倒レテ残ルモノナク、太閤殿下ノ平常起臥セシ室ハ、格別宏大美麗ニアラザレドモ、之レモ暫ク動揺セシ後、終ニ破壊シ、侍妾七百人、其下ニ圧死シタリ。

これは、慶長元年閏七月一三日（一五九六年九月五日）の朝零時ころの、いわゆる慶長地震の記事で『日本西教史』から引用したものである。これにつづいて

「博多ノ地方ニ於テハ、海水溢《あふ》レテ陸ニ上ルコト一里余、家屋ヲ漂ハシ、人畜牛馬ノ死スルコト甚ダ多シト雖ドモ、奉教ノ人ハ一人モ命ヲ落サズ、家モ失ハザリシトゾ」とある。実はこの地震の四日前（閏七月九日）に別府付近に大地震があり、当時別府湾内にあった瓜生島が八〇パーセント陥没し、

別府湾内に大津波があったという。しかし当時は瓜生島は存在しなかったという説の方が正しいらしい。『日本西教史』の記事は、この地震と混同しているし、別府を博多とするなどの誤りがある。そのうえ、キリスト教を信ずるものには何の被害もなかったと述べている。この記事につづいて、さらに堺でも、天主堂に使っていた家は三層であったが、少しも破損することなく、隣家はすべて倒れたとしている。自分の宗教なり宗派は被害がないというのは、この記事に始まるものでもなく、どこの国でも見かけることである。

地震のあったのは、豊臣秀吉の時代であり、豪華をきわめた伏見城ができたばかりのときであった。また、このころには、外国人宣教師が、日本にきて、布教をしている時でもあったので、上掲の書以外にも、外人の眼でみた地震の記録がいくつか見つかっているが、内容は大同小異である。日本のいろいろな大地震に関する記事が混在していて、記述が正確とは限らない。読むときには十分な注意を要する。しかし『日本西教史』記事の中で注意をしたいのは、本震の前の閏七月七日に大坂で地震があったということで、この前震についての日本側の文書はまだ発見されていない。もう一つの注目すべきことは、前兆についての記事である。彗星《すいせい》のようなものが二週間も燃えるように見えたし、地震の約一ヵ月半ほど前に大坂近辺に灰の雨がふり出したという。

実は、この年に浅間山が噴火して灰が降ったことが日本の文献にもみえるので、そのことをいったのであろう。また、前震が一ヵ月もつづいたと記す宣教師関係の文書もあるが、このことは日本の史料にはない。これが事実かどうかは、確かめなくてはならない重要なことであろう。

さらに、宣教師関係の文書は、仏教をけなし、キリストを信じているものは助かったという記事をのせているし、一様に、驕奢をきわめた伏見城がくずれたのは、天をもかえりみない行為の酬であるといっている。このような、地震を体験したことの少ない外国人の体験は、事実の記載としてよりも、地震をどのように見、感じ、考えるかという点で興味がある。

地震加藤

この地震では、太閤が誇る華美をきわめた伏見城が大破した。秀吉は伏見城にいた。城内でも所々倒れ、石垣が崩れ、はっきりはしないが、少なくとも一〇〇人くらい圧死した。秀吉も、いつも居る室から庭に出て、敷物をしき、幕や屏風でかこい、難を逃れていた。夜中のことであったが、真っ先に城中にかけつけたのは細川忠興で、自分の妻のことは家来にまかせて、主君大事と登城した。太閤は「早かったな」と仰言って、ご気嫌がよかった。つづいて登城したのが加藤清正である。

清正は、これより先、石田三成の讒言《ざんげん》によって秀吉の譴《せめ》をうけ、登城が許されず、私邸に屏居《へいきょ》していたのである。清正は、地震がおきるや、自分の従者三〇〇人に鉄梃子《てこ》を持たせて登城した。地震がはげしかったので、上様をはじめ多くの人が建物の下敷になっているやも知れないと考え、梁などをはねのけ、こういう人々を救うために、鉄梃子を三〇〇人のものに持たせて来たのであった。太閤や政所は、清正が勘気を蒙っているにも拘らず、上様大事とばかり登城したことを喜んだ。かくして、清正は城門を守護した。あとから馳せつけた石田三成を門内に入れず争ったという。

秀吉は、これを聞き、三成を門内に入れるようにはからった。秀吉は、清正の心に感じ、翌日、徳川家康や前田利家の意見を徴して、清正を許したという。この話は「地震加藤」として有名であり、歌舞伎にもとり入れられている。この清正と三成との不和は、日・明間の和平交渉にからむものであり、この地震のために、秀吉と明使との謁見が遅れるという事態になったのである。

被害のようす

この地震は余震が多いので有名である。『続史愚抄』『孝亮宿弥日次記』『中山家記』『言経卿記』『文禄大地震記』『義演准后日記』には詳しい記録が残っている。しかし、科学的な見地からみると、記録は不備で毎日の地震回数の変化を追うことはできない。たとえば、『中山家記』には毎日の地震回数が記されているが、本震直後の四～五日のことがわからない。

『言経卿記』によると、本震直後については「度々」と記され正確な回数はわからない。そのあとになると、地震のあったことはわかるが、回数がわからない。それを一日一回とみると、この年の末まで、ほとんど毎日一回の地震があったことになって、現在の余震の知識からは事実とは思われないということになる。いずれにしろ、連日の余震で、おそれおののいて生活をしたであろう。翌年にな

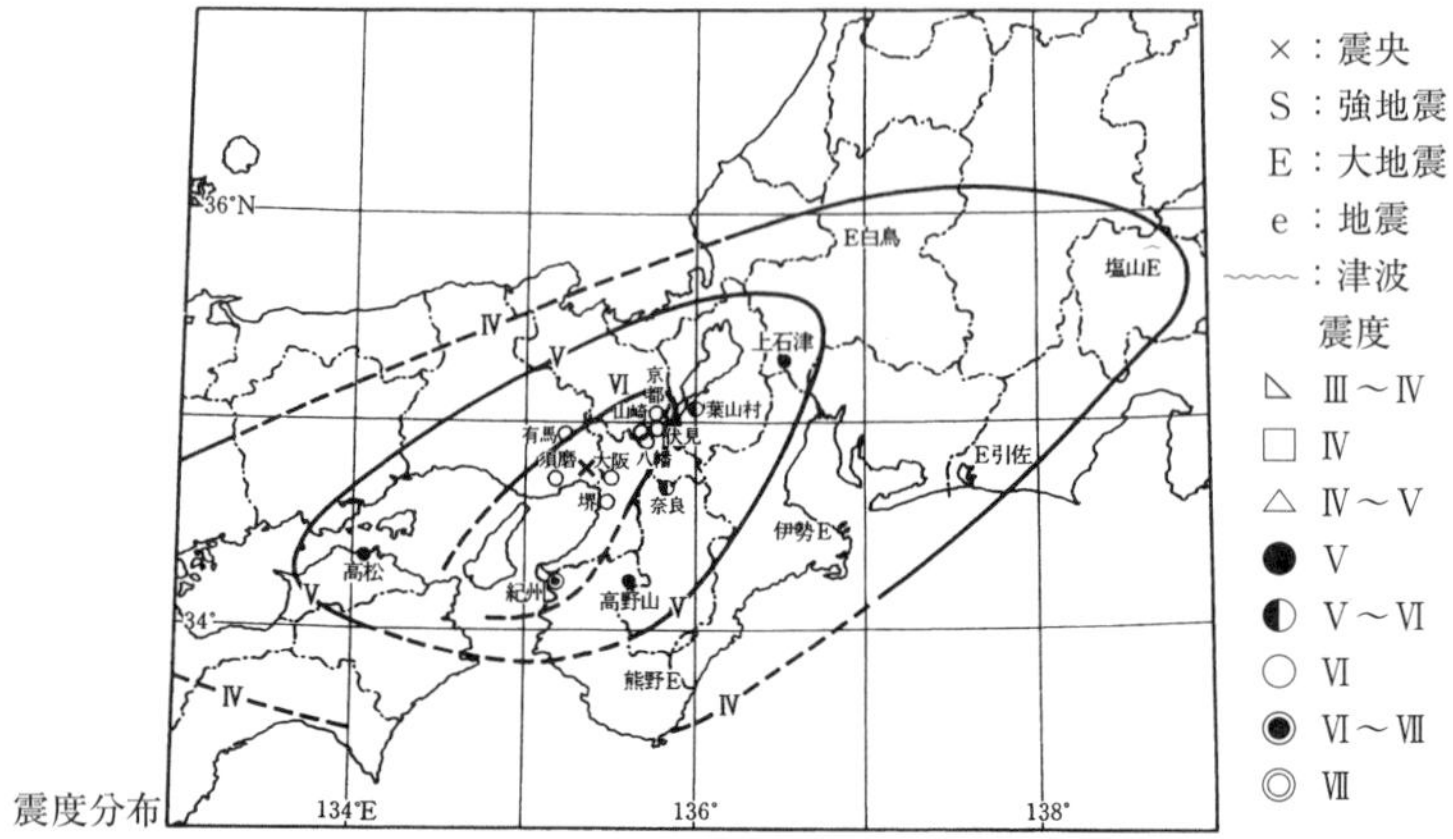

図1　伏見地震の震度分布（『日本被害地震総覧 599-2012』による）

っても余震はやまず、慶長二年の毎月の地震回数は、正月九回、二月一〇回、三月一回、四月二回、五月二回、七月一回、八月二回、九月一回、一二月一回、余震は本震後約一ヵ年つづいたと考えられる。残念なことは、被害の最も大きかったと思われる伏見方面の正確な記録が残っていないことである。こういう史料が発見されることを願ってやまない。

さて、この地震の諸元は次のように推定されている。地震のおきたのは閏《うるう》七月一三日午前零時ころ、規模は七・五、震央の位置は、北緯三四・八度、東経一三五・四度で、宝塚市の近くに推定されている。震度分布は図1の通りで京阪神地域から淡路島に至る辺りがⅥの区域と考えられている。

伏見での被害の詳細はわかっていない。天守は崩れたともいうが、上の二重をゆりおとしたらしい。御殿や御門の被害も多く、上臈七三人、中居下女五〇〇人が圧死したというが、死者数ははっきりとはわからない。

京都では、禁中で御車寄の廊が倒れ、築地の瓦が少々破損した。天皇は南庭に御座をつくり、そこに移られた。どうも、いろいろな記事からみて、禁中の被害はそれほど大きいとはいえないような気がする。

京都には観光地が多いが、現在、観光地になっている寺社の多くが被害をうけた。なじみ深い名も出てくる。京都では古社寺を尋ねるとき、仏像や庭・建物・仏画などに注目するばかりでなく、過去にどんな地震被害をうけ、それをのりこえて現在に至っていることに思いをいたすのも、理解を深める一助になろう。

新幹線で京都駅に近づくと、駅の南前方に五重塔がみえる、これが東寺である。弘法大師の筆になる風信帖（国宝）を所蔵している。この東寺で食堂・中門・講堂・灌頂院・南大門・北八足門・東小門・鐘楼などが倒れた。しかし、塔は東北の角の礎が三寸ばかり移動し、四方の石壇の石が少々倒れたが塔自体は倒れなかった。御影堂は北の方へゆがんだ。御供所はゆがんだが倒れなかった。四足門や唐門は無事であったし、鎮守八幡も無事だった。いっぽう、築地は殆《ほとん》ど倒れた。このように、広い東寺の境内では倒れた建物と無事な建物が混在していた。さて、東山山麓をみると、方広寺の大仏が、今の京都国立博物館の北にある。ここには有名な金銅の大仏が安置されている。ここでは堂は無事であったが、大仏の左の手と胸が崩れた。大仏の後光は無事であった。三方の築地はほとんど崩れるか倒れた。中門は無事だったが四方の角柱は多少さけたということである。この近くの妙法院では廊下が転倒した。

しかし、東山山麓ぞいに並ぶ泉涌寺、三十三間堂や清水寺などは、ほとんど被害がなかった。東福寺では二王門が倒れた他は無事であった。次に目を西の方、嵯峨に向けてみよう。天竜寺（嵐山の渡月橋畔）はすっかり倒れてしまった。そればかりでなく二尊院、大覚寺なども転倒した。

京都の市内では、上京は多少損じたが、下京では四条でとくに損壊が多かったという。

目を京都の外に向けてみよう。詳しいことはわからないが、各地での被害について多少の手がかりはある。

高野山では大塔の九輪の鎖が四本切れたといわれているだけで、他は無難、奈良の寺々も無事であったという。山崎（淀川北岸、京都府と大阪府の境）は思いのほか損害が多く、家がすっかり崩れ、死者は数知れずという。そのすぐ南の八幡（石清水八幡のある所）でも家がことごとく崩れた。大坂では、城は苦しからずという程度だったが、町屋は大体崩れ、死者が多かった。和泉堺は思いがけず被害が大きく、死者が多かった。その他、兵庫でも崩れが多く、出火した。いっぽう、近江国より東は「地動無之」と記されている。

こういう被害のようすをよくみると、伏見で大きな被害があったが、その被害は、淀川ぞいに南西の大坂・堺の方向に延びている。しかし、南方の奈良ではほとんど被害がなかった。地質が被害に及

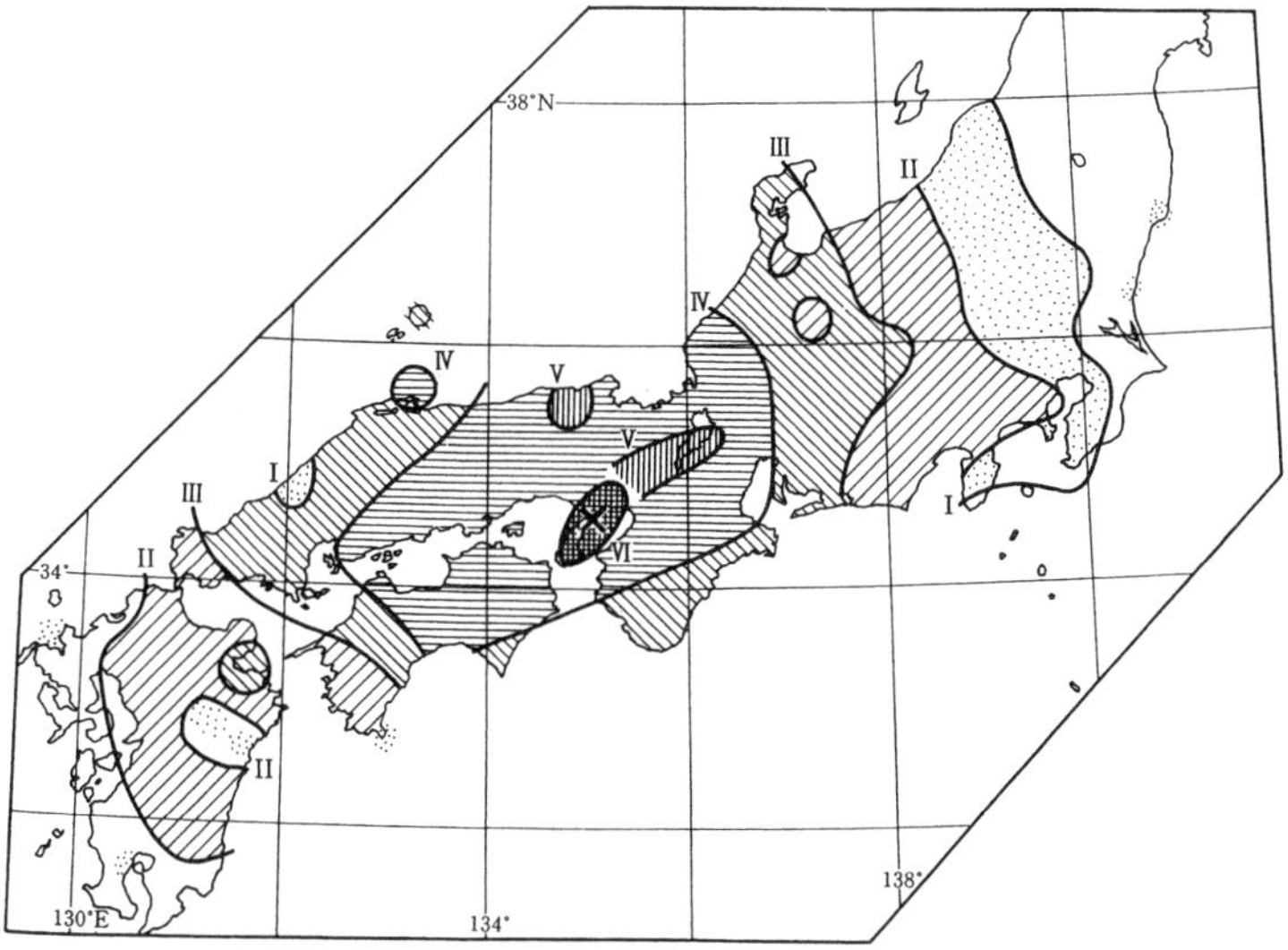

図２　阪神淡路大震災の震度分布（『日本被害地震総覧 599-2012』による）

ぼす影響があらわれていると考えられる。この地震は、文字通り、直下型地震ともいえるもので、多くの被害があったが、とくに瓦ぶきの建物が倒れたので、禁裏では瓦を降ろした建物もあったし、伏見城でも瓦ぶきを禁ずるというお触れが出たほどであった。

阪神淡路大震災との比較

平成七年正月一七日に兵庫県南部地震が発生し、阪神淡路大震災となった。震度分布は図２の通り。この地震は慶長地震の再来と思われる。慶長の地震は時の権力者秀吉の伏見城の被害が大きくとり上げられ後世に伝えられたので、筆者もかつては伏見あたりが震央になるかと思ったほどである。しかし両地震を比べると、類似点がいくつか見出される。

まず震度Ⅴおよび Ⅵの地震の拡がり方、特にⅥの地域の拡がり方がかなり似ている。また断層についても、阪神淡路では淡路島の野島断層をはじめ神戸から大阪府にかけて東北東—西南西の方向に走るいくつかの断層が動いたことが分かっている。慶長地震では図3に示すように京阪神から四国にかけての広い範囲の遺跡の調査で地震の痕跡が見つかっている。そういう遺跡の分布は阪神淡路より広く分布しているようである。

また鹿児島の震度は阪神淡路ではⅠであるが、慶長では学者藤原惺窩の日記によると大地震と記しており、震度Ⅲ～Ⅳと思われる。ついで余震もあった。また二九日に大坂から帰った客の話として、京・伏見・大坂の家々破却し、灰や雨を降らせたという。余震は大坂を発つ二二日になっても止まなかったという。

こういう事から慶長地震の規模は阪神淡路より大きかったように思う。私は阪神淡路大震災のあとに地元の方から「この辺は地震のない良い所と思っていたのに……」という話を何回か聞いたことがある。何しろ四〇〇年ぶりの地震であるから専門家以外は知らないのももっともなことである。

大地震があると、その体験を後世に伝えなければならないという思いや運動が起こるが、そういうことは不可能に近く、特別な方策が必要になることを銘記すべきであろう。私は子供のころ関東地震の体験を父親から何回も聞かされた。しかし九〇年も経た今となっては語り部となる人は殆ど現存していない。又九〇～一〇〇年もたつと、その間に新しい災害が生まれ、それにかき消されてしまうこ

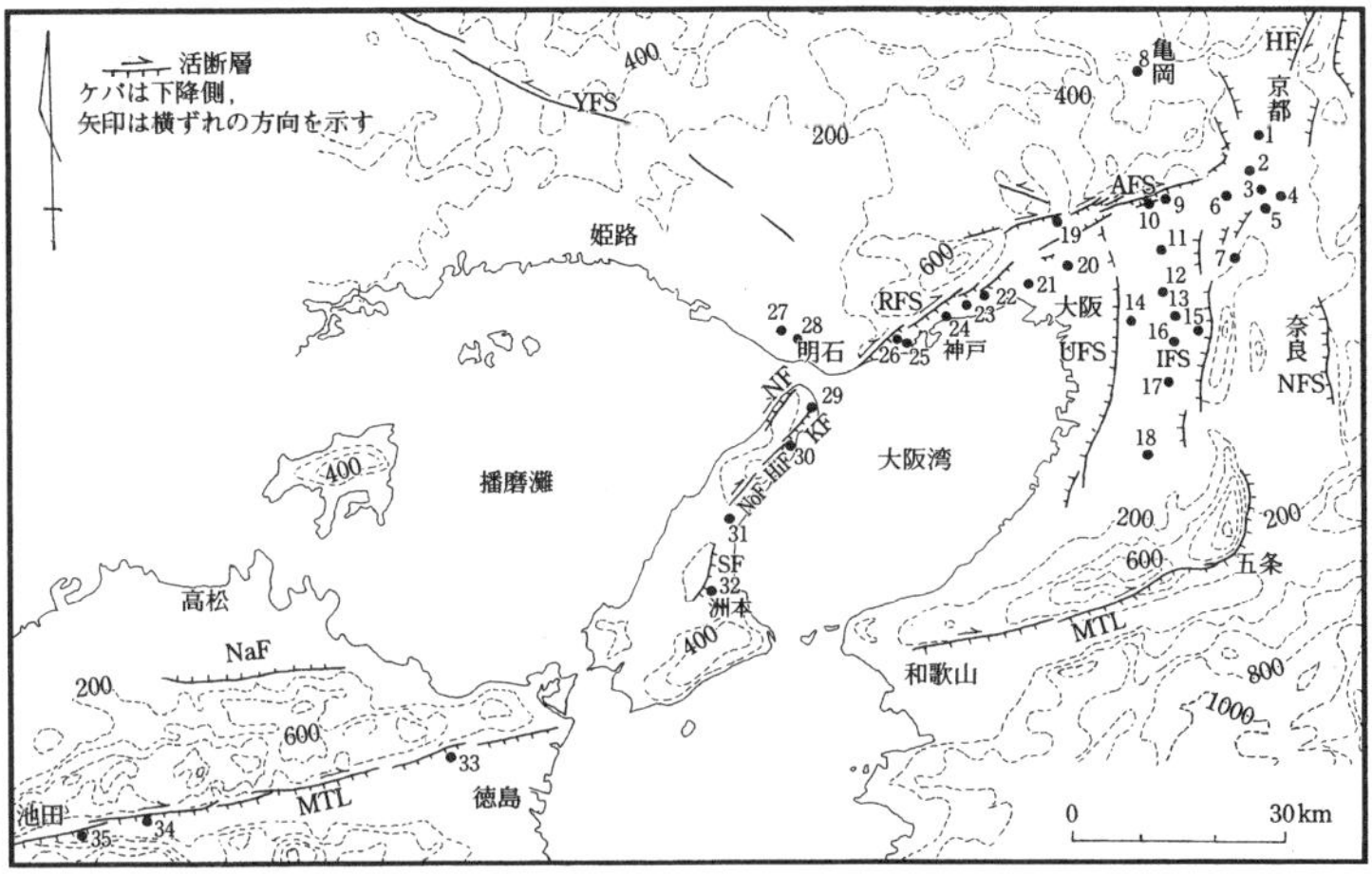

図3　大阪平野周辺の活断層と伏見地震の痕跡を検出した遺跡［寒川，2001 に加筆］（『日本被害地震総覧 599-2012』による）

●は伏見地震（082 番）による可能性の高い地震跡を検出した遺跡（ただし 33～35 は四国の中央構造線が 16 世紀末頃に活動した際に生じた可能性の高い地震跡を検出した遺跡）.

断層系名；AFZ 有馬―高槻断層帯　IFZ 生駒断層帯　MTL 中央構造線断層帯　NFZ 奈良盆地東縁断層帯　RFZ 六甲断層帯　UFZ 上町断層帯　YFZ 山崎断層帯

断層名；HF 花折断層　HiF 東浦断層　KF 楠本断層　NaF 長尾断層　NF 野島断層　NoF 野田尾断層　SF 先山断層

遺跡名；1 志水町　2 木津川河床　3 内里八丁　4 塚本東　5 門田・魚田　6 樟葉野田　7 有池　8 鹿谷・天川・太田　9 今城塚古墳　10 耳原　11 玉櫛　12 西三荘・八雲東　13 西鴻池　14 大坂城跡　15 水走　16 西岩田　17 久宝寺　18 狭山池北堤　19 栄根　20 田能高田　21 高松町　22 芦屋廃寺　23 住吉宮町　24 西求女塚古墳　25 兵庫津　26 長田神社　27 玉津田中　28 新方　29 塩壺　30 佃　31 志筑廃寺　32 下内膳　33 黒谷川古城　34 丸山　35 大柿

とになる。地元地元で、百年前にどんな事件があったか知っている人がいるだろうが、石碑だけが残っても訪れる人は少ないのが実状であろう。しかし災害の体験を伝える事は大切な事である。よい方策がないものだろうか、知恵を絞る時に来ているのではないだろうか。

一方、我々は繰り返し災害に合い悲しい思いを重ねているのも事実である。その度に復興をし、生活を続けて来ているという事実がある。繰り返す災害から抜け出すよい方法はないのだろうか。

2　琵琶湖西岸地震

被害のようす

寛文二年五月一日（一六六二年六月一六日）午の刻（正午ころ）に近畿を襲った地震は、M七・四という、内陸地震としては、とび抜けて大きいものであった。震源地は琵琶湖西岸、高島の西方と推定されている。むろん被害も大きかった。被害範囲は、北は福井県の小浜から南は大坂、東は桑名に及んだ。詳しくみてみよう。

近江国の大溝（滋賀県高島町、湖の西岸）は分部氏の在所であったが、合計九八二軒が潰《つぶ》れ、死者三七人を出した。榎谷は家数五〇軒の部落だったが三百余人が死んだ。一家につき六人というのであるから全滅に近かったろう。琵琶湖西岸、安曇川の上流、朽木谷では地震が強く、領主朽木権之助の父兵部入道立斎は居宅の虹梁の下敷になって死亡し、その潰家から出火した。その南方八キロメートルに所川村という所があった。人口三〇〇人、家数五〇軒ほどであったが、三七人が生存したに過ぎなかった。家は地下に入ったという。この所川村と朽木谷では、地面が割れて谷に崩れ落ち、谷を埋めた。そのため、かえって谷に高い山ができたという。大きな山崩れがあったのであろう。この辺りは花折断層が通っている。この断層の北半分がすべった。とにかく、谷にできた山は高さ約二〇〇メー

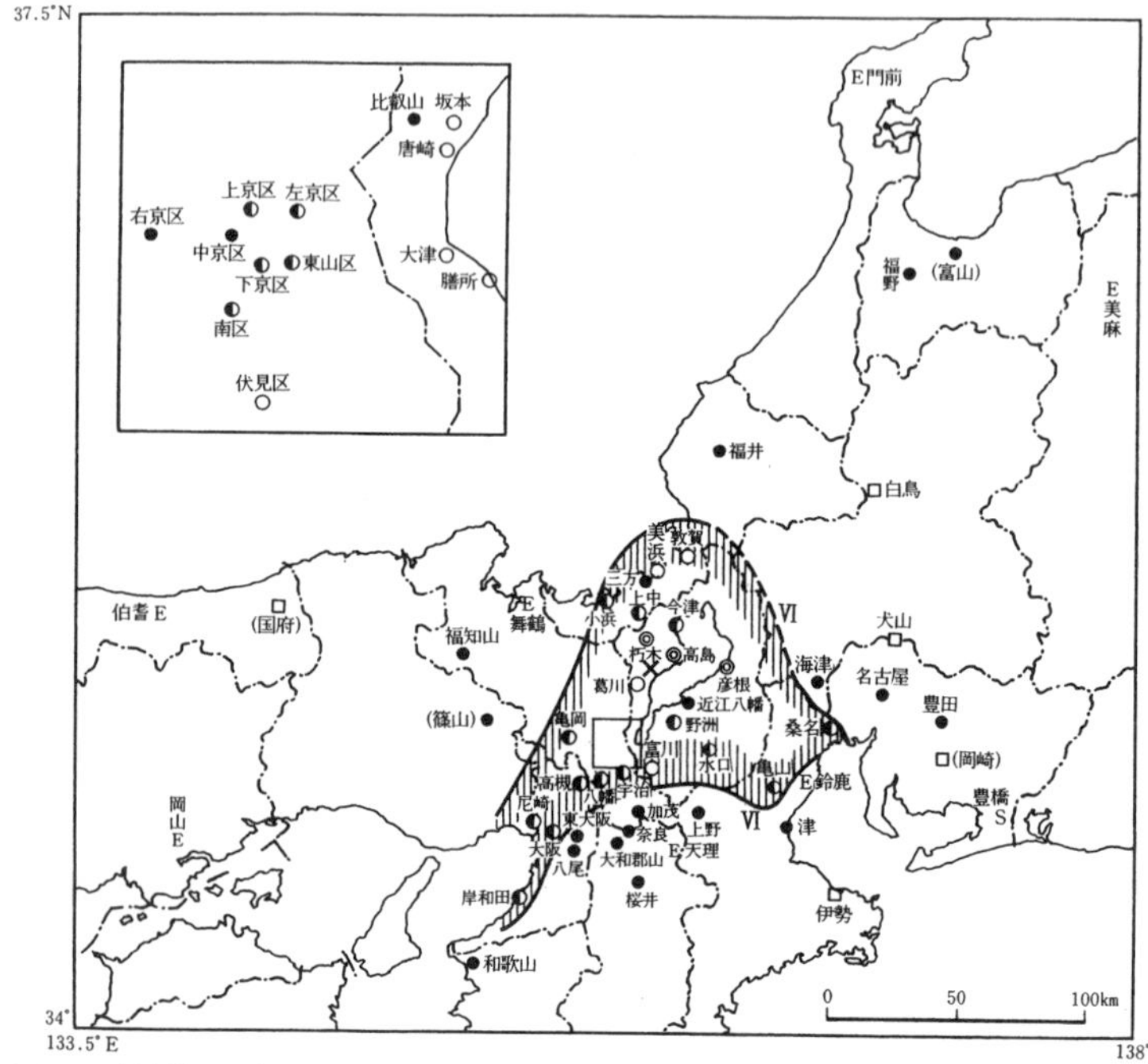

図４　琵琶湖西岸地震の震度分布　震度Ⅵの範囲を示す（『日本被害地震総覧599-2012』による）

トル、長さ約八〇〇メートルという大規模なものだった。その下に多くの人々を埋めてしまったのである。このような大きな地変が出現したので、その近くの、北緯三五・三度、東経一三五・九度の地点が震央と考えられる。

小浜では石垣その他が崩れ、侍屋敷や町屋の潰れが多く、地が裂けて泥を噴き出したという。京都では、大地が車を引くように鳴りひびいてから地震になった。前震があったらしい記録も残っている。祇園の石の鳥居が崩れ、五条の石橋が二〇間（三六メートル）余り陥り、三条の橋も半ば落ちた。禁裏や二条城内でも所々に破損があり、その他、寺社・町屋・土蔵などの破損が多かった。被害地域は淀川ぞいに南下して、伏見では町屋などの破損五〇〇軒、御香の宮の鳥居はくだかれ、石燈籠《いしどうろう》はすべて倒れ、向嶋の堤が五〇〇メートルにわたって切れたりした。

大坂では城中にも小破損があり、天王寺や住吉稲荷の石の鳥居が落ちくだけ、稲荷のそばでは畠に割れ目ができ、中から泥を噴出したという。また、豊後橋が崩れかかり、京橋と肥後橋では杭がめり込んだ。その後も余震がつづいたので、人々は落着かず、船にのって堀・川・海に難をさけ、船を調達できなかった人は海岸や河原に仮屋を作って住んでいた。

この地震の震動は、遠方にまで及び、江戸でも感じた。真偽の程はわからないが、九州の長崎・天草や津軽でも感じたらしいし富山では被害がはなはだしかったという。とにかく大地震で、濃尾平野にも被害があったが、三〇〇年も前のことで、細かいことはわからない。発光現象もあったらしい。

三方五湖の地変

この地震では、琵琶湖南方の事情は文献から多少ともわかるのだが、北東方には被害があったかどうかは不明であった。そういう中にあって、三方五湖方面に地変があったという古文書が発見された。しかも、郷土の恩人のエピソードが絡んでいるのである。

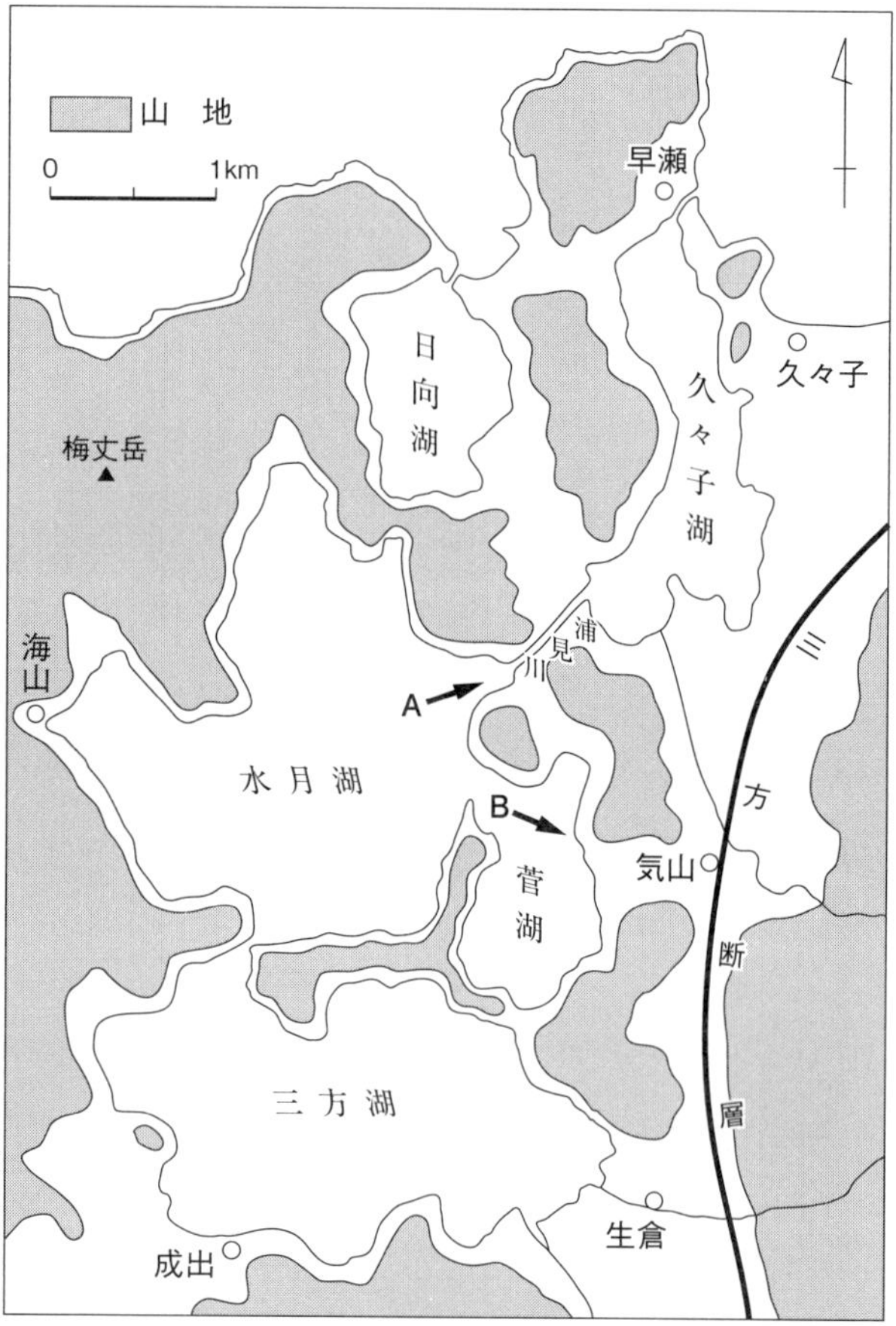

図5　三方五湖付近図

風光明媚《めいび》な三方五湖は、今日では観光地として知られており、静かに遊ぶには格好の土地である。

現在は水月湖の水は図のAの水路（浦見川）を通って久々子湖に流れているが、寛文地震以前は菅湖を抜けBの気山川によって東から久々湖に注いでいた。その東方には南北に走る三方断層があるが、気に止める観光客は少ないであろう。

地震の二八年前、寛永一一年（一六三四）に酒井忠勝が武州川越から若狭の小浜に転封になった。実はそれ以前、京極氏時代から、気山川を浚渫《しゅんせつ》すれば湖岸に新田を得られるだろうという考えがあり、実施計画についての話もあったが京極氏時代には実現に至らなかった。その後、地震の三年前の万治二年（一六五九）になると、再び開さくの話がもち上り、後藤治兵衛・角倉平次などの手によって寛文元年八月二七日から浦見坂開さくが始まった。しかし工事は思うにまかせず、九月二四日を以て工事を中止し、来年を期したのであった。その翌年、つまり寛文二年五月一日に、この地震はおきた。

三方付近でも震動は大きかったようで

……大地を打かえす斗《ばか》りにて親は子をよび、子は親にいだきつきてわめきさけぶ声実にたとえていはん方なき……我と我が身の置所なき事をのみなげきかなしむ有様は只ふく風のあら波に舟にて渡海する心地にて……在々所々の神社仏閣まで屋根のかはら一つとして地におちずということなし、天下万民村々過半つぶれて人馬多く死す

というありさまであった。

この地震で、日本海岸の早瀬浦から東の丹生浦にいたる一〇キロメートルの間の海岸が隆起したため、海水が沖に向かって一〇〜一〇〇間（一八〜一八〇メートル）も干上った。とくに早瀬では約二

○○メートルも干上った。さらに、三方湖の東から北にかけての地が一・五〜二・四メートルも隆起し、海山の方が一メートルぐらい沈下したという。とくに気山川口では約四メートルも隆起した。このために気山川は流れなくなり、湖岸の田圃《たんぼ》約一七〇〇〜一八〇〇石（一石=約一八〇リットル）が冠水してしまった。鳥浜部落は水底となり、七二戸の人々は小今庄に小屋がけし、田名の二九戸は白山坂の左右に、伊良積の一三戸は高嶽の麓に、海山村の二九戸は上光寺滝の下口に小屋を作り、気山の湖辺の人々は谷の間、岩の洞などに住居を求めたりして生活した。これを聞いた領主酒井忠直は、直ちに湖水位を低下して人民を救うことを考え、気山川をしらべさせた。しかし、川底に大磐石があって開さくは難しいので、浦見坂を開さくすることとし、梶原太郎左衛門、行方久兵衛を惣奉行《そうぶぎょう》として、家士・領内の百姓一〇〇人につき二人の人夫を集めて工事にとりかからせた。総計一一二六人の人々が集められ、五月二七日に工事が始められたが、難行した。人夫は浦見を「怨」にかけて数え節をつくり奉行らを嘲《あざけ》った。行方久兵衛も困り、上瀬の神の加護をたのみ、夜な夜な参籠《さんろう》した。ある夜うつらうつらまどろむと「少し北によせて掘れば……」という夢のお告げがあり、その通りに工事を進め、九月一七日になって一筋の水路を通じることができた。ひとたび水路が通ずると水勢は強く流れ出て、左右の土砂を流し、坂の西の山が崩れ、その後の工事が容易になった。湖水の水位は除々に下り、避難していた湖岸の村民も各自の家にかえって正月の準備をすることができるようになった。一二月六日に工事を一応中止したが、翌年正月二五日から再開し、水路の幅と深さをひろげ、ちょうど地震後

図6　浦見坂堀

満一年経った五月一日に完成した。この工事によって、湖水位が旧に復したばかりでなく、湖辺に新しい土地を得ることができた。しかし、これでも三方（水月）・久々子両湖の落差は約二メートルもあり不便であるというので、更に工事を進め、寛文四年五月二日に竣工《しゅんこう》した。その結果、三方湖畔にも一二町歩（一二ヘクタール）におよぶ新田が出現し、ここに生倉・成出の両村が誕生した。この村名は米が「いくらでも成りいでん」という希望をもってつけられたという。

この浦見坂堀は長さ一八〇間（三五〇メートル）、山頂から川底までの高さ二三間、川底の幅四間。この工事に要した延人員二二万五三四九人、米三四五九俵余、銀九九貫七七四匁余ということである。

まだ話がある。この水路は現在観光船が通っている。その東の岸に約二メートル四方のマス形の跡がある。これは工事の完成を祝って、その始末と奉行名をほりつける予定であったが、行方久兵衛の母が「石にほった文字は、いずれ消える。立派な仕事をしたのであれば、その仕事の成果とともに名前も永く残るだろう」といって文字を刻むのに反対したという。

古記録による現地調査

私は、昭和五一年の夏に、東京大学地震研究所の松田助教授、愛知大学の岡田講師と三人で現地を歩いた。現地の方々に御案内いただき、調査は順調にすすんだ。このように震源地から三〇キロメートルも離れている地点で、断層が動いたということを暗示する記録があるにもかかわらず、震源付近では断層運動を証明する直接的な記録がみつからないことに興味をもったからである。暑かったが、観光客は日向湖や早瀬方面以外では少なく、快的な調査旅行であった。旧気山川ぞいの最高地点に立つと、往時の地形がよく残り、水路（B）のあったことが歴然としている。稲はよく実っていた。湖岸を歩きまわると、寛文地震前の旧汀《なぎさ》線が湖岸に残っており、その当時は湖水面は海抜三メートルくらいの所にあったことがわかる。

記録によれば、地震のとき気山川口は一丈二尺（約四メートル）隆起したという。そうであれば、旧気山川ぞいの最高地点の海抜は約七メートルということになる。実際には約七・五メートルであり、古記録のいうことが正しいことになる。それればかりではない。早瀬から東の若狭湾沿岸が隆起したという古記録の証拠も現存しているにちがいない。事実、早瀬浦の海岸には段丘がみられ、その辺が二メートルくらい隆起したことが確かめられた。しかし古記録には早瀬浦から西では隆起したらしい記事が見つからない。

三方断層の東側が隆起し、西の方は隆起しなかったのではないだろうか、と考えられる。残念ながら、その辺の海岸を歩いて早瀬の西方の地変の跡をたどる余裕はなかった。

また、明瞭な断層運動の跡は地表には出ていなかった。三方断層が地震に伴って運動したことは間違いないが、その運動は幅広い範囲にわたっての盛り上りと思われる。

この地震は、前述したもののほかにも問題点がある。たとえば、三方五湖付近に地震動による被害がなかったのだろうか、震源から北では小浜に被害がみられるだけである。古い記録が失われているのかも知れないし、あるいは、本当に被害がなかったのかも知れない。古い記録が発見されればよいのであるが……。もし、古い記録が琵琶湖周辺で多数発見されれば、震源の位置や規模も考えなおす必要が出てくるであろう。とにかく、これは内陸におきた大地震で、その徹底的解明は、将来の地震への対応にも役立つものであることは疑いを入れない。

3　元禄地震

地震のようす

元禄一六年一一月二三日、西暦では一七〇三年の一二月三一日、つまり大晦日《おおみそか》の朝、といっても丑《うし》の刻というから午前二時ころのことである。突如として南関東一帯に大地震が襲ってきた。とくに武蔵・相模・上総・安房の国々で強くゆれた。これを「元禄地震」と呼んでいる。震源は房総半島の南方約二〇キロメートル沖の北緯三四・七度、東経一三九・八度の地点、規模は八・一と推定されている。

この地震では、小田原・箱根の被害が最大であった。震源地から相模湾内を北西に相模トラフという断層が走っている。小田原はちょうどその延長上にあるので被害が大きかったのである。被害のようすは『甘露叢』という書物によくまとめられている。箱根には関所があり、小田原は東海道の重要な宿場であった。また、根府川にも関所があったが両関所とも番所が破損し、構内の石垣や柵が崩れたり倒れたりした。とくに小田原から箱根にかけては落石・山崩れ・道路の決壊などがあり、歩行者は山崩れのあとを伝い、草や木に取付いてやっと進める状況で、馬や駕籠《かご》の通行はできなかったというから随分不便なことであったろう。また、箱根の温泉も過半が潰れたり、湯道がこわれたりした。

さて、小田原藩での被害については詳しい記録が残っている。藩主は大久保隠岐守、禄高は一一万石、

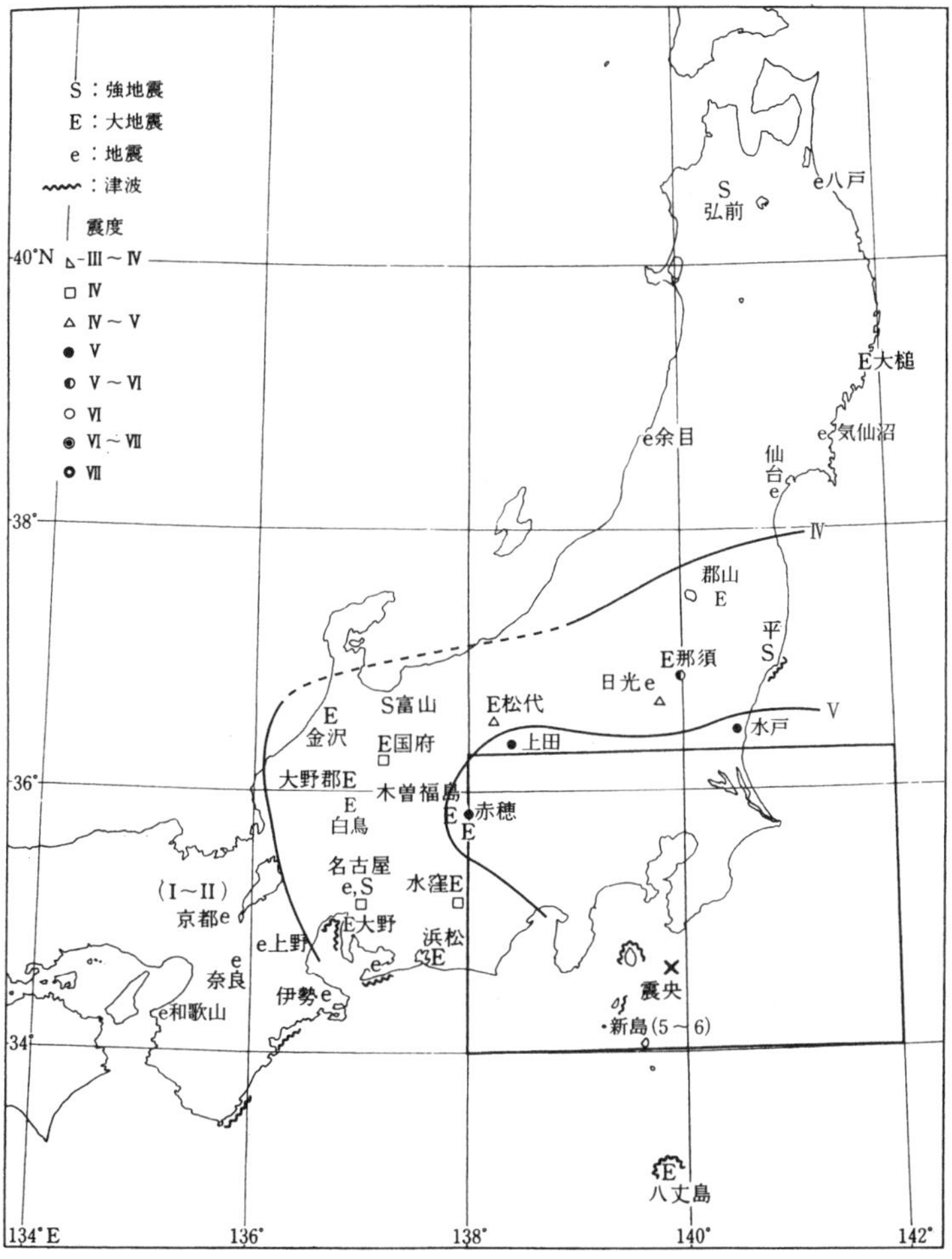

図7-A　元禄地震の震度分布図(1)　(　)内の数字は津波高の推定値（単位m，羽鳥，BERI，51，63-81ほかに加筆）

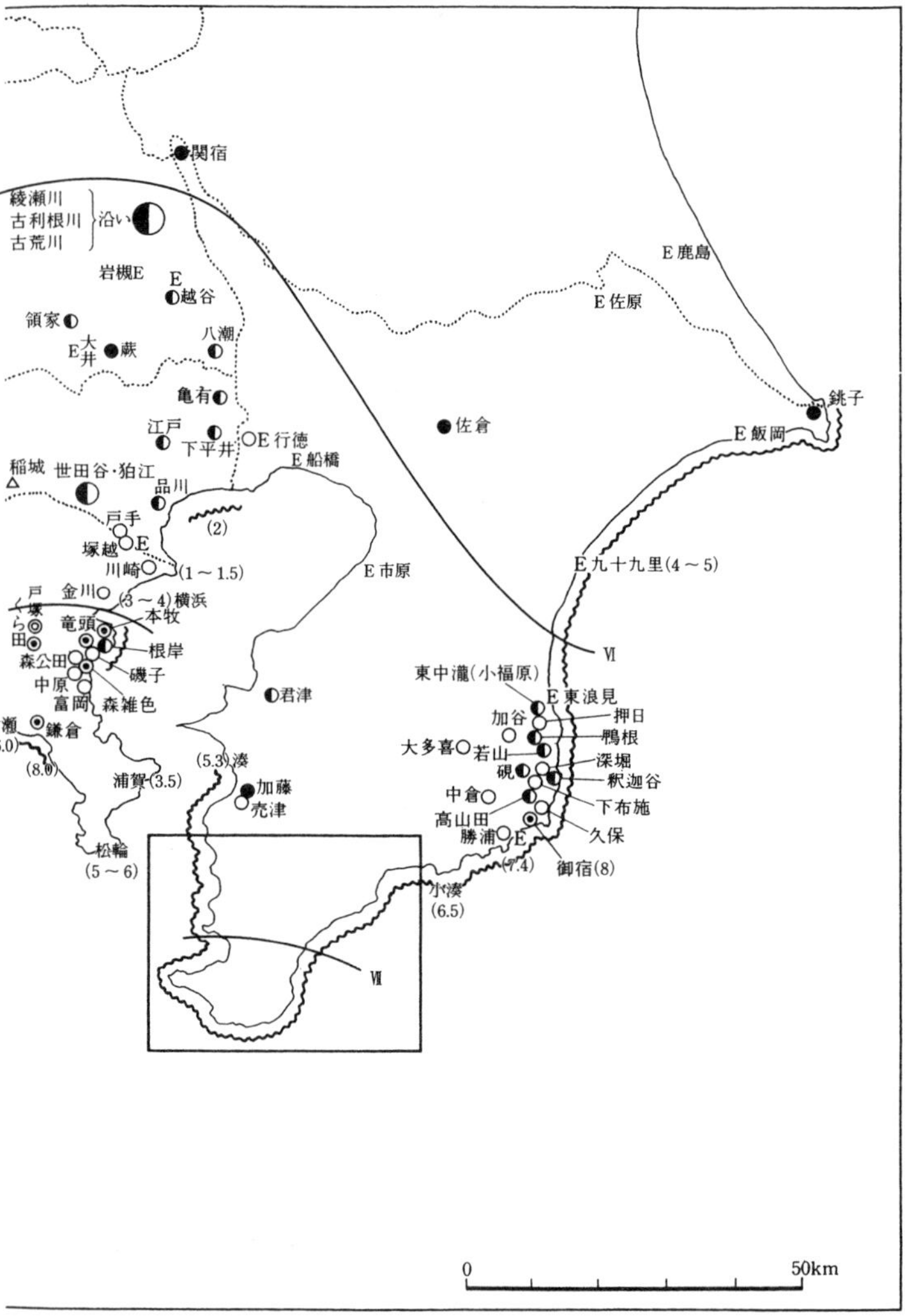
関宿
綾瀬川
古利根川
古荒川
沿い
岩槻E
E
越谷
領家
八潮
E大井
蕨
亀有
江戸
下平井
E行徳
E船橋
稲城
世田谷・狛江
品川
(2)
戸手
塚越
E
川崎
(1～1.5)
金川
(3～4)横浜
本牧
戸塚
くら田
竜頭
根岸
森公田
磯子
中原
富岡
森雑色
片瀬
(6.0)
鎌倉
(8.0)
浦賀(3.5)
松輪
(5～6)
E市原
君津
(5.3)湊
加藤
売津
E鹿島
E佐原
佐倉
銚子
E飯岡
E九十九里(4～5)
Ⅵ
東中瀧(小福原)
E東浪見
加谷
押日
鴨根
大多喜
若山
深堀
硯
釈迦谷
中倉
下布施
高山田
久保
勝浦
E
(7.4)
御宿(8)
小湊
(6.5)
Ⅶ
0
50km

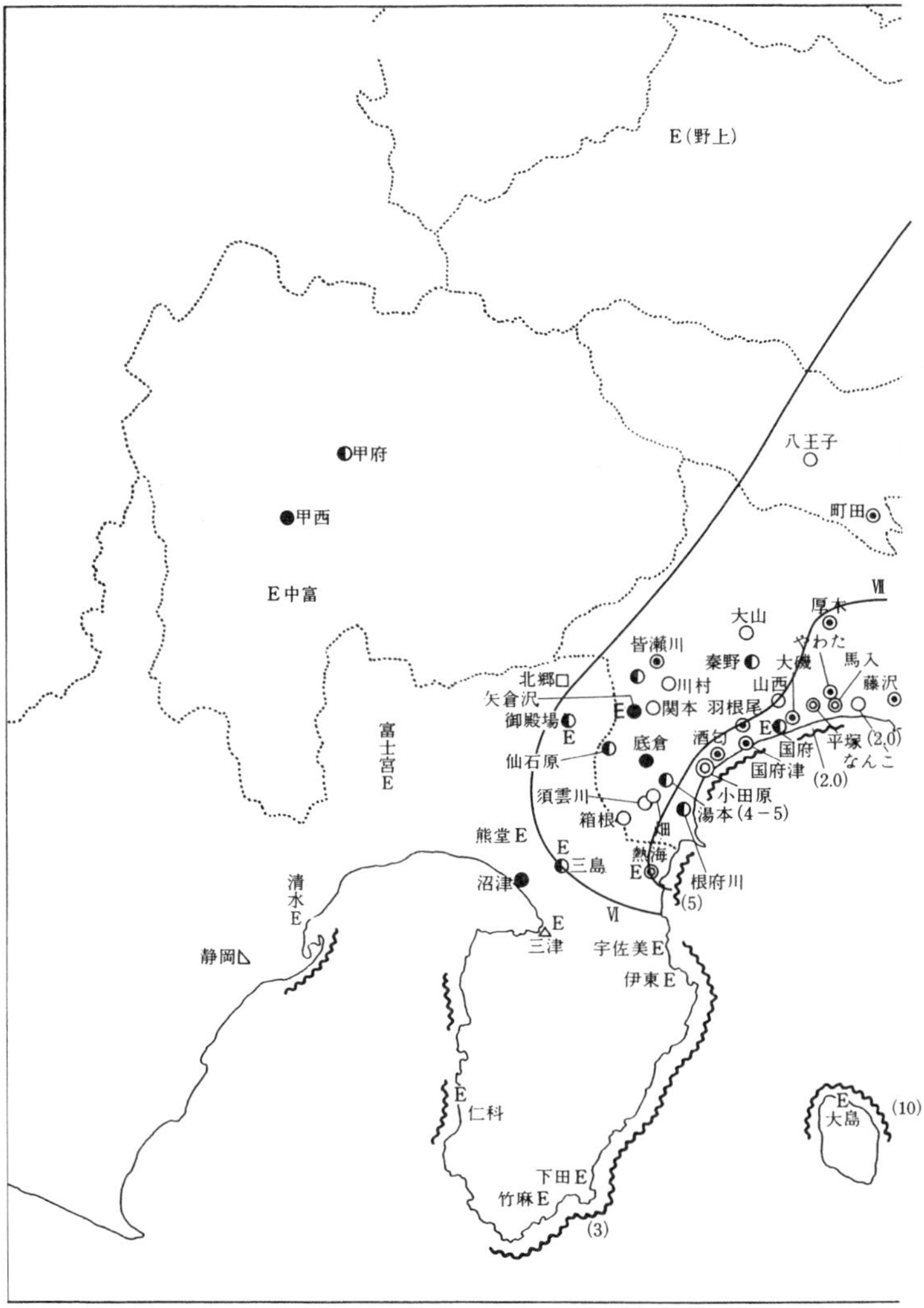

図7－B　元禄地震の震度分布図(2)

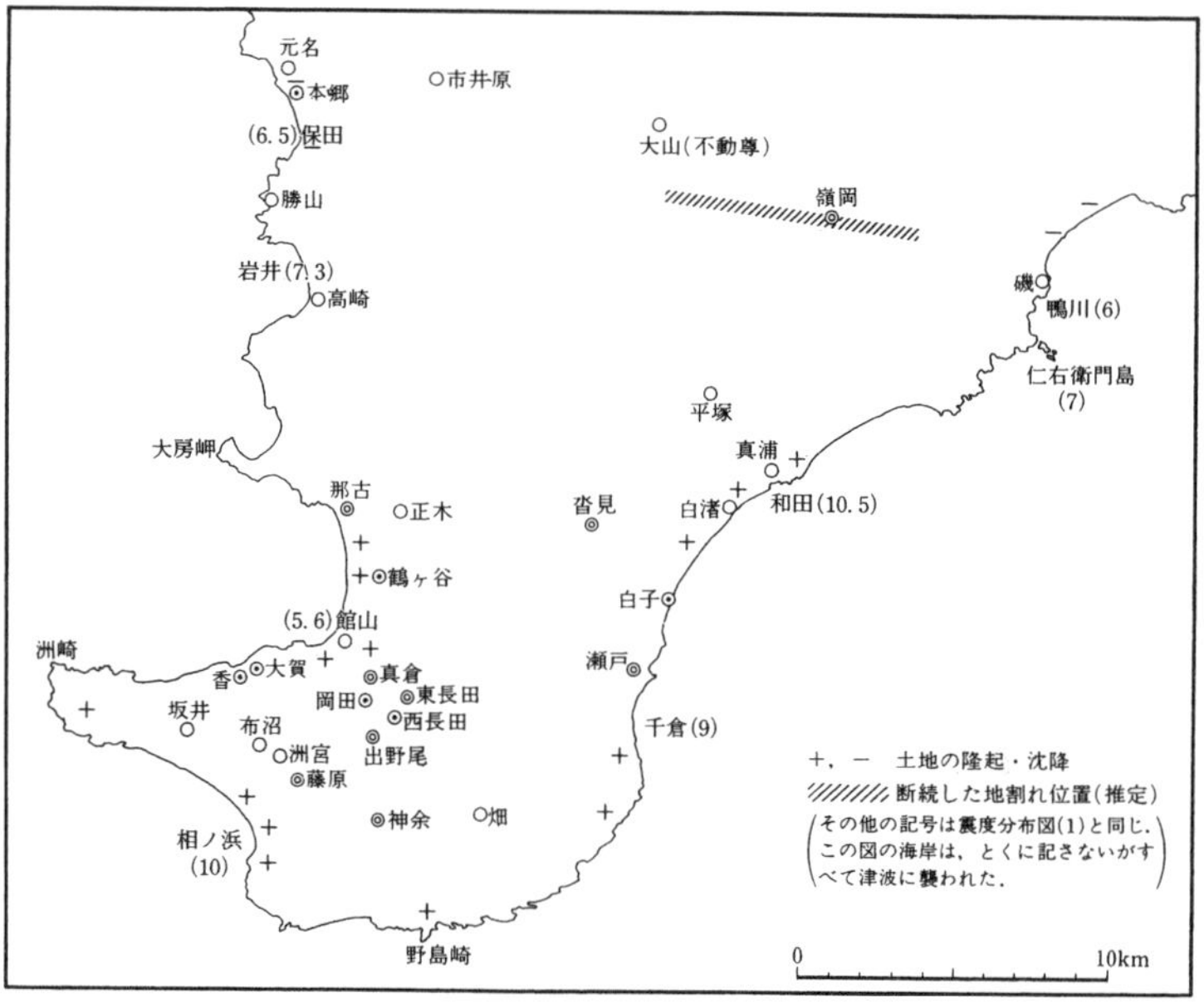

図7-C　元禄地震の震度分布図(3)

小田原城では天守崩れ、本丸御殿、二ノ丸屋敷、三ノ丸侍屋敷、外廓侍屋敷、その他、城下町屋は残らず潰れた。そのうえ城内・城下に火災がおきた。全滅といってよいほどの被害だった。このほか領内の被害を合計すると膨大なものになる。たとえば、屋敷・家・社寺の潰は八〇〇〇軒以上に達したし、死者は二三二七人、そのなかには少なくとも旅人四〇人が含まれている。神奈川県のようすをみてみると、厚木では家が大方潰れ、死者五九人、大山では山崩れで死者一〇〇人も出たという。東海道の宿場は、品川では潰家はなく破損家のみであったが、川崎から小田原まではほとんど全滅し、川崎で一〇軒、神奈川で三〜四軒、藤沢で三〜

表１　元禄地震の被害

	死	家		寺		流家	船	蔵
		潰	半	潰	半			
甲府領	83	345	281	13				潰28
小田原領	2,291	8,007		307			68	
房総	6,534	9,610				5,295	1,173	
江戸	340	22						
関東駿豆（武士）	397	3,666	550	5	6	有	116	
諸国	722	774	160	1		668	82	破 5
計	10,367	22,424	991	326	6	5,963（＋490）	1,439	潰28 破 5

（『日本被害地震総覧 599-2012』より）

四軒、大磯で一〇軒ほど残っているだけだったという。

渋川助左衛門（安井算哲）は碁打で、天元に石を打つ工夫をしたというが、また、天文を学び貞享改暦を仰せつけられた。この人が、元禄地震の直前であろう、御城に訴えて「今夜大雷か大地震がくる兆がある。けれども、おさわぎ遊ばされないように」と言上したという。

また、この地震では「光りもの」が多く観測された。『甘露叢』によると、二三日の「丑半刻」というから地震の後のことである。この時から

星落飛テ暁ニ至ル、辰巳ノ方（東南）雷光ノ如ク、折々光有之

ということであった。翌日（二三日——当時一日は日出から翌日の日出まで）も朝六時ころに光りものが東から西の方に飛び、さらに夜になると辰巳の方が電光のように光って、夜ふけてもやまなかった。この辰巳の方向の光は、その後も連日あらわれた。大体申の刻というから午後四～五時ころ、ちょ

うど日の暮れるころから見え出したらしい。二五日には夕方六時すぎに光りものが東南の間から西に飛び、二九日にも午後六時ころに東から西に飛んだし、辰巳の方向の光はとくに強かったという。その後一二月に入ると光りものの記録は見えなくなるが、一二月二一日にはふたたび辰巳の方が電光のように光った。その上、この日は午後一〇時ころから晴れ上り、午前四時ころになると月をとりまく雲が大へん赤く、その雲はムラムラとし、月の近くは色がうすく、そのまわりほど赤く、烟《けむり》のようで、いつもの月暈《げつうん》とは違って見えたという。大地震のときにはよく発光現象が観測されるが原因はまだ究明されていない。

ケンプェルの『日本誌』を見てみよう。

一七〇四年に日本より帰りし友人は、バタヴィアよりの返信に、其前年日本に恐るべき地震あり、江戸にて最もはげしく、市中も城内も粉砕され、倒壊と其際の出火にて二〇万以上の人生を損せしと云えり、然るに此邦の数個地方には地震なしというは驚くべきことなり。国人はそれを土地の神聖とそこの神々の加護とによるとなし、或はそれを土地の中軸の牢固として動かざるによるとなせり、五島、竹生島、高野山その他数ヵ所是なり。

と記してある。元禄地震についての記事は誇大である。江戸では激しいといっても、安政二年（一八五五）の地震ほどではなく、全国の総計でも死者が二〇万人に達したということは考えられない。死者の総数はよくわからないが一万人くらいではなかろうか、このケンプェルの『日本誌』は、日本人の地震に対する態度や考え方を紹介していて興味ぶかい。

江戸のようす

江戸はどうだったろうか。町方のようすはあまりよくはわからない。江戸城には数多くの門や櫓《やぐら》があった、門やその脇にある番所、近くの石垣や塀《へい》が各所で破損したり、潰れたりした。たとえば、和田倉御門では大番所・箱番所が潰れ中間七人が死亡し、一二人の怪我人があったという。しかしくわしく当時の記録を見ても、門そのものが潰れたということはなかったらしい。城内ではとくに西ノ丸で破損が甚だしかった。また大名屋敷や旗本屋敷にも多くの被害があったが、そのほとんどは屋敷内の長屋・門・塀・蔵などであり、居宅が潰れたものは数える程であり、破損の記録も少ない。このようなことから、江戸では武家の本宅に潰・半潰がほとんどなく、破損程度であったと推定される。今の震度にしてみればⅤとⅥの間くらいであったろう。しかし、いっぽうでは、土蔵造りの被害が大きかったという記録や、本所あたりにはとくに潰れ家があったということもいわれ、はっきりしない面もある。

この地震のとき新井白石は甲府卿徳川綱豊に仕えていた。当時、白石は湯島に住んでいたが、この地震のようすをくわしく『折たく柴の記』に残している。これによって、江戸の地震のようすを再現してみよう。地震は

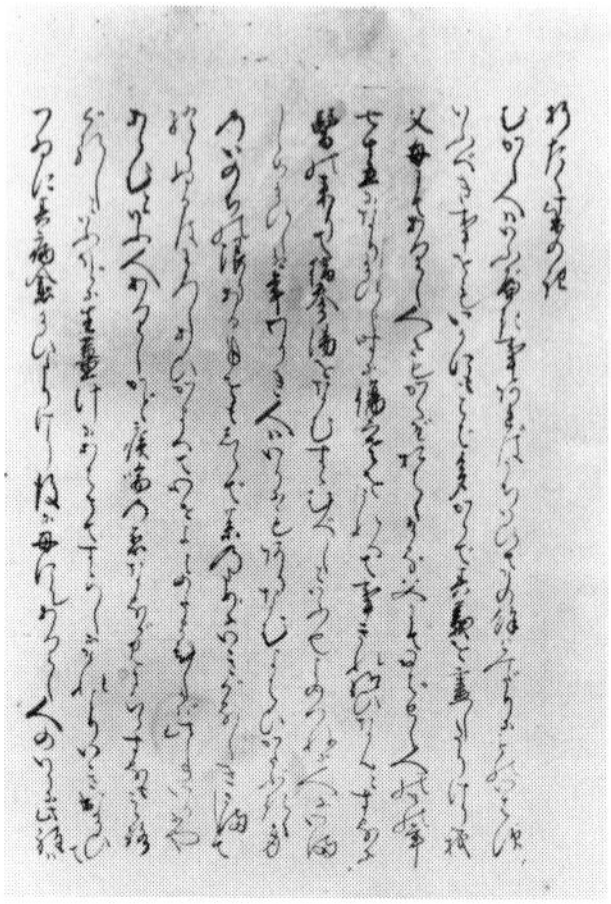

図８　『折たく柴の記』

　一一月二二日の夜半過ぎるほどに、地おびただしく震い始て、目さめぬれば、腰の物どもとりて起出るに、ここかしこの戸障子みな倒れぬ、というゆれ方だった。震度はⅤくらいであろう。白石は、すぐに妻子たちの寝ている所に行ってみると、皆起き出してきた。自分の家のうしろは高い岸（崖のことか）の下に近いので、危険をさけるために家の者を引きつれて東の大庭に出て

　地裂る事もこそあれとて、たふれし戸ども出しならべて、其上に居らしめ、

た。白石のこの書には、こういう万一のことに気を配って、こまかい指示を与え、難をさける工夫が、いたる所に見える。白石は衣服を改め、綱豊卿に参上するため召供二〜三人つれ、あとの者は家に残して出かけた。

　かくて、はする程に、神田の明神の東門の下に及びし比《ころ》に、地またおびたゞしくふるう。ここらのあき人の家は皆々打あけて、おほくの人の、小路にあつまり居しが、家のうちに灯の見えしかば、家たふれなば火こそ出べけれ、灯うちけすべきものをと、よばはりてゆく。

あわてて火も消さずに外にとび出した人に、消火を叫んでいるのである。昌平橋をすぎると、地裂

け水涌《わ》き出て、広さも深さもわからない所にきた。白石はこの一丈余り（幅だろう）になって流れている水を「つづけやものども」といってはねこえた。地震のときには、こういう水溜りや小流ができるが、水中に割れ目があるかも知れないし、危険なので、棒で水中をさぐりながら渡るのがよいとされている。白石はこの点では無暴だった。かくして神田橋の手前までくると

地またおびただしく震ふ、おほくの箸を折るごとく、また蚊の聚《あつま》りなくごとくなる音のきこゆるは、家々のたふれて、人のさけぶ声なるべし、石垣の石走り土崩れ、塵《ちり》起りて空を蔽《おお》ふ。

という情況であった。こんなありさまなので神田橋も落ちるかと思ったところ橋と台の間が三、四尺ばかりくずれたので、跳りこえて神田橋御門を入ると、被害をうけた家々の腰板がはなれて通りに横たわっている。長い帛《きぬ》が風にひるがえるようだった。

辰の口まできて、桜田門付近にある甲府殿の藩邸をはるかに望むと、火災が発生している。

その光の高からぬは殿屋たふれて、火出しやと、いと覚束《おぼつか》なくて、心はさきにはすれど足はただ一所にあるやうに覚ゆ、

というありさまである。こうして、真夜中、災厄の町の中をさらにかけぬけて、やっと日比谷の御門までくると、

番屋たふれ、圧されて死するものの、くるしげなる声す也、

という悲惨なありさまである。楼門の瓦が地に落ちて山のようになっている上を越えて、小門を出て

みると、藩邸が目の前にみえ、藩邸の北にある長屋が倒れて火が出ていたが、殿様の殿屋は、はるかに離れているので、やっと「胸ひらけし心地」がした。ほっとしたことであろう。藩邸の内では遠侍が倒れている。また、

家々皆たふれかたぶきたれば、出たちてある人に、路ふさがりてゆくべからず、

という。邸内は逃れ出た人でごったがえしていたのであろう。殿様は庭に出ておられる。畳を十帖《じょう》ばかり庭に出して、その上に坐っておられる。そのうしろの池の岸がくずれて、平らな土地も狭くなっていた。やがて夜も明けたので、出火した所に行ってみると

たふれし家に圧れ死せしものども引出したる、ここかしこにあり。井泉ことごとくつきて水なければ、火消すべきようにもあらず、

というありさま。そのころになって、やっと飯にありついたが、とかくするうちに火も消えた。やがて午もすぎる。家に残してきた者たちのことが心配である。幸なことに、けさ家に残してきたものが藩邸までできた。白石の供の者は家に帰り食物をとって再び来たということで、妻子に事故のないことを知って

心しづかに家に帰りぬれば未の初にはすぎぬ、

ということであった。供の者が藩邸と自邸との間を往復したことを考えると、通行はそれほど困難ではなかったのであろう。翌日、藩邸に参上すると

殿屋ことごとくかたぶきたれば、東の馬場に仮屋うたせ給ひておはします、というありさま。

余震はひっきりなしにあり、そのうちにきっと火災になるだろうと考え、塗込《ぬりご》め（蔵？）は傾くようなことはないだろうが、壁がくずれ落ちている所が多いので、崩れた土を水にひたして、その破れを修め塗って用心をしていた。幸なことに地震直後の火災は大事にいたらなかった。しかし、地震後約一週間、一一月二九日の夜に心配していた火事がおきた。白石は資財をすべて土蔵におさめたが、余震はつづいているし、土蔵が倒れないとも限らないし、また土蔵の修理した所の土もまだよく乾きっていないし、火の勢が強くて、新しく塗った土と、前からの土の間がひらくと、土蔵内に火が入ることも無きにしもあらずと考え、万一のことを慮《おもんぱか》って、土蔵の「ほとりの地に坑《あな》鑿《ほ》らせて、賜りし所の書ども、また手づから抄録せしものども、ぬりごめより取出して、かの坑の中にいれ、畳六七帖その上にならべ置て、土厚くきりかけて」避難のために家を後にしたのであった。

ここかしこにて、火のために道を遮《さえぎ》られて火勢やや衰へし時に、そのやけすぎしあどの道を径て、家に帰りてみるに、かの書を埋みし坑に近き岸の上なる家のやけ落たるが、火いまだ消ずぞありける。しきりに水をそそぎて、火を打消して、やけたる家の柱などとりのけてみしに、其家の落ぬる時に、かの埋みし所の土をばうち散らして、上にかさねし畳の焼うせ、下なる畳に火すでにつきし程に帰り来りける也。ぬりごめは思ひしに似ず、たふれもせず、やけもうせず、さらばはじめ坑うがち、書おさめし事は、徒に力を労せしなりけり、といてわらひぬ。

火から大切なものを守るために坑をほり、その中に収めたことは、結果からみれば徒労に終わったのであるが、財産を守る周当な心づかいは学ぶべきであろう。いつの世になっても、最後に自分の命や財産を守るものは、個人の努力であり、準備なのである。この火災は大きなもので、翌一二月一日の午《うま》の中刻というからちょうど正午ごろ鎮火したらしい。一説には、今の砂町の方まで燃えたという。

地震と津波

この地震は海底に生じた巨大地震なので、当然のことながら津波が、犬吠岬から下田に至る関東沿岸を直撃した。下田では家の流失・潰四九二、死二七人、破船八一、伊豆の宇佐美で死三百八十余人、伊東の玖須美で死一六三人という被害であった。また、この地震で、伊豆大島の波浮池が決潰《けっかい》し海とつながって現在の港となり、大島の岡田では津波のために家五八、船一八が流没し、死五六人、八丈島でも津波のために一人が死んだ。鎌倉では二ノ鳥居まで波が来たし、江戸でも品川で津波が観測されたが、とりたてていうほどの被害はなかった。津波は紀伊半島にまで及んでいる。

千葉県は震源地にも近いので大津波があった。むろん地震動も強かったにちがいないが、それを証拠づける史料は思いのほか少ない。房総の南端近くの峯岡山で尾根つづきに長さ三里余（約一二キロメートル）にわたって、所々に幅三〜六尺（一〜二メートル）の割れ目ができたという記録があるだけで、この割れ目は断層なのかも知れない。このことから、峯岡山近くの震度はⅥの大きい方と推定されているが、これが房総半島で推定できる唯一の震度であった。しかし、昭和五一年（一九七六）一～三月に館山の千葉県立安房博物館で「地震展」が開かれたときに、元禄地震に関する多くの新史料が紹介された。この史料によると、たとえば現在の南房総丸山町に属する沓見村では家が六八軒のうち六七軒が潰れ、堂社八ヵ所破損し、池の堤われ六件、田畑の荒れ三町九反（三・九ヘクタール）余ということがわかった。こういう事例から房総南端では震度がⅦに達したのではないかと推定される。そのほかにも、この「地震展」における新史料は、津波や地盤隆起を伝えて地震学上有益なものが多い。こういう史料などによって房総半島のようすをみてみよう。

まず津波であるが、東は九十九里浜から、内房の富津付近まで津波に襲われたという記録が残っている。この津波は房総では、とくに大きいものだったらしく、各地に死者の霊を弔う供養塔が残り、よい史料となっている。九十九里では計約二一〇〇人の人々が津波で亡くなった。小湊の誕生寺は日蓮上人ゆかりの地として有名だが、ここは、明応七年八月二五日（一四九八年九月二〇日）の地震と津波で、土地が陥没し、建物もすべて没したので、これを鯛の浦の岡に移した。その後、ふたたび元禄地震に遭ったので現在地に移した、といわれる。しかし、今回発見された元禄地震以前の地図と比べると、地震以前から誕生寺は現在地にあることがわかった。この誕生寺近くでは小湊村で二七〇軒、市川村で三〇〇軒の家が波にとられて見えなくなり、一〇〇人ほどが死亡、寺の中六坊が波にとられ、末寺妙運寺は堂と客殿だけが残った。その近くの御宿村では、潰四四〇軒、死二十余人を出した。

さて、房総の地は、田畑の耕作と同時に漁業や製塩もおこなっていた。津波や地震動で、田畑が土砂に埋まったり、海水に洗われたり、海岸が隆起して塩がとれなくなったり、海底の情況が変化して漁獲量に影響があったり、村の境界が不明になって隣村との間に争いがおきたりした。とくに田畑の問題は年貢に関わるので、生活上重要な問題であった。したがって地震の爪あとは、年貢関係などの文書に数多く残されている。しかも、記載が詳しいので、現地を調査することによって当時の被害をかなり正確に再現することもできるのである。また、当時の絵図も被害調査に有効である。

内房の富山町の高崎浦の地震と津波のようすを古史料からみてみよう。ここは現在の岩井海岸である。地震の前日は晴れ、海も静かに凪《な》いでいた。しかし夜九ツ時（午前零時ごろ）はげしい地震となった。起き上ろうとするけれども、起きてはころび起きてはころびして、ようやく寝床から起き上って、運よく部屋の戸をあけて外に出た。家がつぶれ、台所にいた使用人は家の下敷となった。しかし、幸なことに梁《はり》の間に入って圧しつぶされないですんだ。また、家を建ててからちょうど一八年めに当たり、天井は毎日燃す薪《まき》のすすが三、四寸（約一〇センチメートル）の厚さにたまって重くなり、地震のゆれで落ちたが、幸なことに戸が一本外れて、これが支えになり、天井を支える束《つか》になったので助かった。そのほか、倉が二つ潰れ、馬屋も潰れた。大地震のときには必ず津波があると古くからいわれているので、皆はやく家を出て逃げようと叫び長屋の前へ出ると、もう磯の近くの田にはサラサラ

表２　津波の規模

規模 m	説　　　　明
〔－1〕	波高50cm 以下，無被害
〔0〕	波高１m 前後で，ごく僅かの被害がある
〔1〕	波高２m 前後で，海岸の家屋を損傷し船艇をさらう程度
〔2〕	波高４―６m で，家屋の破壊や人命の損失がある
〔3〕	波高10―20m で，400km 以上の海岸線に顕著な被害がある
〔4〕	最大波高30m 以上で，500km 以上の海岸線に顕著な被害がある

と波が来ている。第一波が思いのほか早く来たようである。とにかく急の事だったし、寝しずまっていた夜中のことなので、小さな松に取りついている人もあるし、あわてて着物も帯も忘れ、真裸で逃げ出す人もあった。こうして、小高い所に逃げて夜を明かした。次の日も夜通し火をたき明かした。二四日になっても人々は、また津波が来るだろうというので、自分の家に帰らなかったという。しかし津波は第二、第三波が大きく、地震後五〜一〇時間もたてば、もう心配のないものである。そういう科学的知識もなかったので、むやみに恐れていたのだろう。このようにして合計二七人の者が津波にとられて死亡し、八人が家に潰されて死んだ。その他にも怪我《けが》をした人が多く、地震後一〇〜一五日は浜へ溺死者が流れつき、目も当てられない様であったという。この記録は現在富山町の永井家にあり、同家の先祖が記したものと思われる。記録はたいへん詳細で、津波がどのように村の中を流れ、どこまで届いたかがわかっている。しかも、そういう場所を現在、同定することができるのである。こうして、当時の津波の流れを知ることは、来るべき災害にそなえる対策を立てる基礎資料となるであろう。

図９　高崎浦津波による被災地域（『日本農書全集66　災害と復興１』による）

残念ながら三〇〇年も前の地震であり、安政二年（一八五五）の江戸地震とちがって、残されている文書も少なく、十分なことはわからない。しかし、こういう古い地震を調査して思うことは、自然の法則はいつも不変であり、自然は正直であるという点である。いいかえれば、われわれが正直に自然の法則にのっとった対策を立てれば何も恐れることはないのである。

旧版との比較

旧版をお持ちの読者は、震度分布を見ていただきたい。関東地方の南部に震度Ⅵと Ⅶの等震度線が引かれているだけの簡単なものである。わが国の歴史地震史料の収集・研究は明治初年から始まり、田山実・武者金吉にうけつがれたが、昭和二十年頃から約三十年のブランクが続いた。そして昭和五十二年の始めから本格的に再開された。東京大学史料編纂所の方々の御援助を得て私が中心となって進められた。旧版は昭和五十三年に発行されたので、私共の集めてあった新らしい史料は僅かしか利用されていない。

本書の震度分布図は多くの地点での震度が記入されているだけでなく、津波の高さや土地の隆起・沈降まで示されていて、元禄地震のイメージが摑めるようになっている。新たに見出された史料のおかげである。私共が集めた史料は約二万ページの書物として印刷されて、県立図書館等に配られている。そして新らしい史料の発掘は現在でも続けられている。

4　八重山群島の津波

八重山群島

日本を包含している環太平洋地震帯は、世界でもっとも地震活動の活発な所である。この地震帯は、日本付近では、千島列島の南沖を列島にそって南下する。そうして襟裳岬沖で方向を南に変え本州にそって、その太平洋岸沖を九州まで走っている。この本州沖地震帯のほぼ中央、伊豆半島付近から、伊豆七島ぞいに南下する帯もある。本州ぞいの地震帯は、九州東岸日向灘で南西諸島ぞいに台湾にまで達する地震帯につながる。この南西諸島ぞいの地震帯の活動は、千島・本州・伊豆諸島ぞいのものに比べると、活発とはいえない。また、小さな島が多いので、沖に地震がおこれば、直接の被害は少ないとしても、津波には注意が必要である。沖縄本島の南西四〇〇キロメートルの海上に石垣島がある。八重山群島の主要な島である。この群島には、ほかに西表島や与那国島など大小いくつかの島があり、美しいさんご礁に囲まれている。

この八重山は、宮古諸島とともに、元中七年（一三九〇）に琉球王の支配下に入っていた。ついで慶長一四年（一六〇九）には薩摩藩が琉球を征服したので、その後は政治的には首里と薩摩の二重の支配をうけているようなものであった。蔵元が最高行政官庁であり、寛永一四年（一六三七）には悪評の高い人頭税制度が設けられていた。これは、人口の増減にかかわらず毎年一定額の税穀を得ようとするものであった。この制度が津波後の復旧を遅らせたことは否めない。

津波直前の八重山の人口は二万八九九二人で、比較的安楽なくらしができたと思われる。この地震津波については、当時の八重山の蔵元から琉球王府に提出した「大波之時各村之形行書」という報告書が残っている。これに「大波揚候次第の記録」を合わせたものをもとにして、石垣島の牧野清氏が『八重山の明和大津波』という本を昭和四三年七月に自費出版している。この本をもとにしてこの大津波のようすを考えよう。

津波の大きさ

この地震は明和八年三月一〇日（一七七一年四月二四日）の辰《たつ》の刻に発生した。震央は石垣島の南々東約三〇キロメートルの海上で、北緯二四度、東経一二四・三度と推定されている。また規模は七・四であり、津波の規模は〔4〕、つまり最大級のものであった。図10を参照しながら考えることにしよう。

地震は五ツ時（午前八時ごろ）にあった。この地震がゆれおさまると、東の方が鳴神（雷）のように鳴り、まもなく、海水が引いた。そのようすは、

外ノ瀬迄潮干キ、所々潮群立、右潮一ツ打合、以之外、東北東南ハ大波黒雲ノ様、翻立一時ニ村村へ三度迄寄揚……

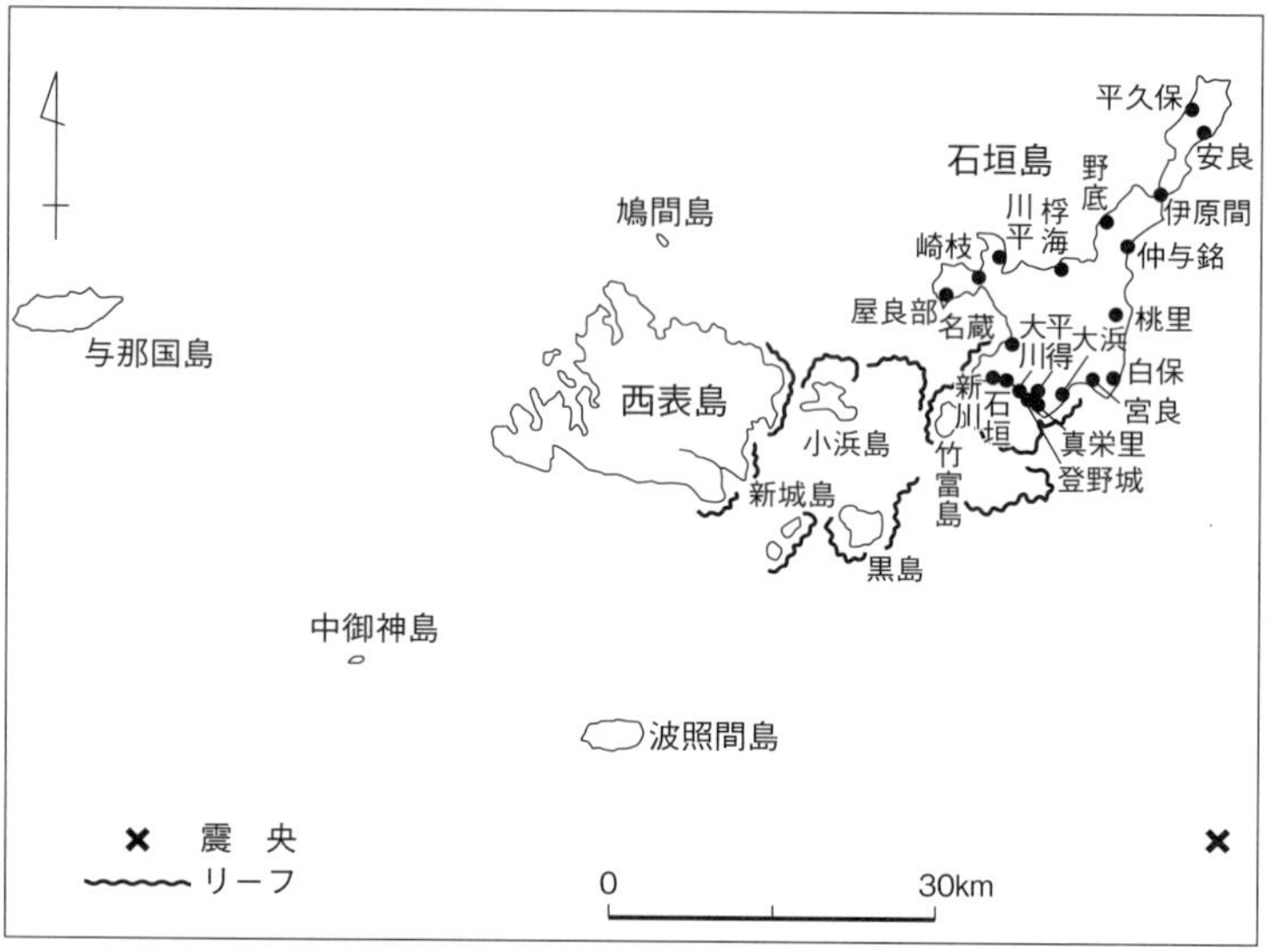

図10　八重山群島

と記されている。震源地が海岸から三〇キロメートルと比較的近かったせいもあろうが、津波の押しよせる物凄《ものすご》いようすを生き生きと記している。石垣島は東の海岸に低地があり、主な川は東流して太平洋にそそいでいる。西岸よりに山が連なっている。つまり、東方から押しよせる津波は侵入しやすい地形になっている。しかも、石垣島の東岸には、津波を弱める防波堤の働きをするリーフ（さんご礁）が少ない。後に述べるが、リーフの陰になっている竹富島・黒島・小浜島・西表島などの津波は比較的低くすんだのである。津波は島の東南海岸に一気に押しよせた。島の東南部の宮良川河口には津波が直進してきた。川と地形に左右され、津波は一気に宮良川の上流に達し、牧中の二八・二丈（八五・四メートル）

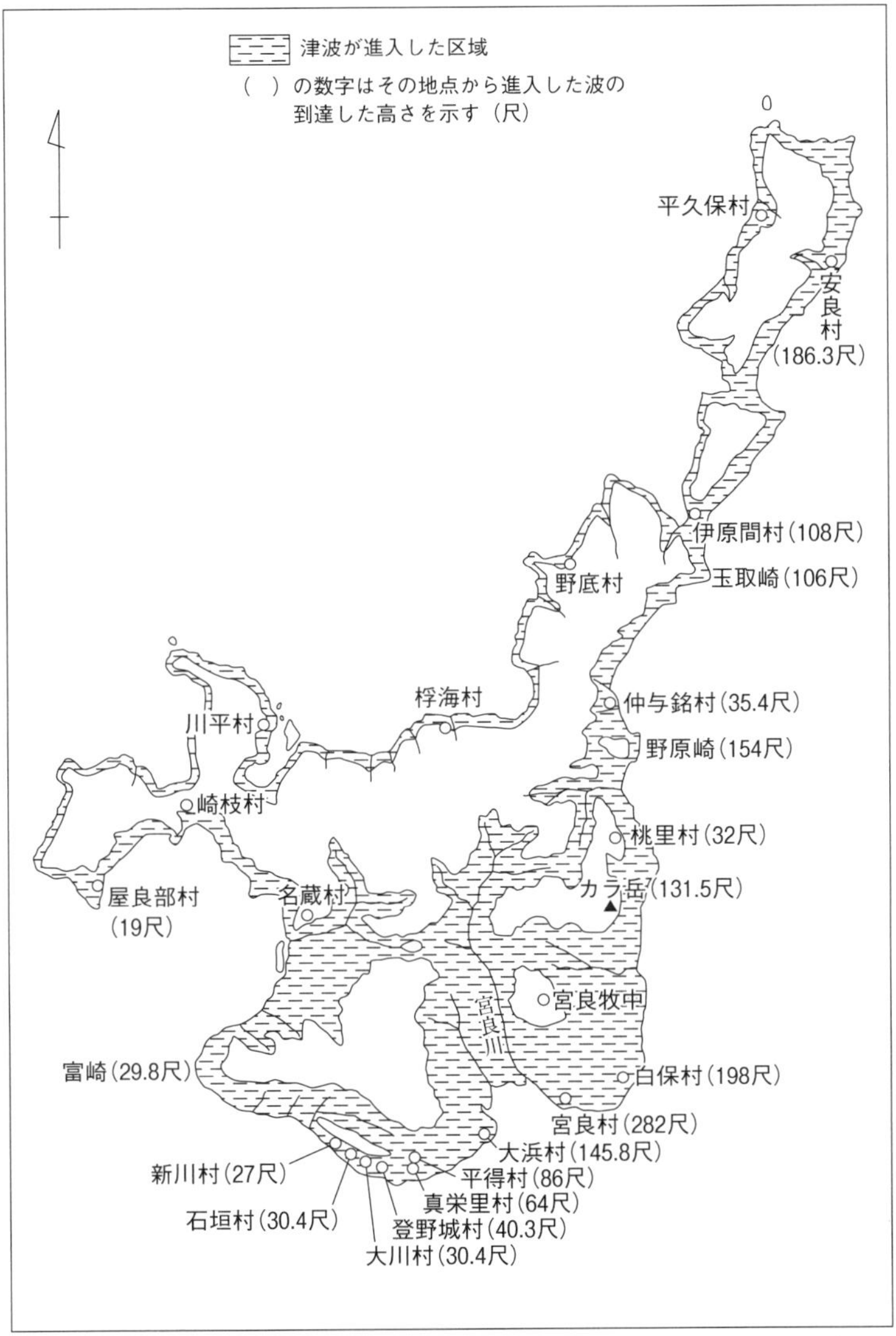

図11　津波の石垣島内進入状況推定図（『八重山の明和大津波』より）

図12　津波によって打ち上げられた大石

地点まで達したといわれる。

本州での津波の波高は、最大で約三七メートルで、三陸沿岸で記録されている。三陸のリアス式湾（V字形湾）は波高が高くなりやすいからである。しかし、石垣島の海岸はリアス式ではない。むしろ海底地形が津波の侵入を許すような都合の悪いものであった。それにしても、当時の記録によると、最高は宮良村の二八・二丈（八五・四メートル）、それについで白保村一九・八丈（六〇・〇メートル）、安良村一八・六丈（五六・四メートル）、野原崎一五・四丈（四六・七メートル）、大浜村一四・六丈（四四・二メートル）と、四〇メートル以上の地点がいくつもあげられている。「地震博士」という名で親しまれていた今村明恒博士が、昭和一三年にこの津波の高さが桁外《けたはず》れに大きいことに疑問をもたれ、二八・二丈は桁の誤りで二八・二尺ではないかという疑問を提出されている。当時の記録には「二八丈或は二〇丈、或は二五、六丈、或は二、三丈……」と例示的に書かれていて、丈と尺の誤りということではなさそうである。

さて、津波の勢いは恐ろしい。さんご礁をくだき、大塊のまま陸上に打ち上げた。さんご礁の塊はそのまま高地に取り残された。それが大石となって石垣島内の各地に残っている。個数は三一〇個。大石のほとんどは海抜二〇メートル以下の所にある。しかし、一部では四〇メートル付近にあるものもある。石の平均の重さは三六・六トン、最大は七〇〇トン余にも達し、大浜部落の石は、津波で打ち上げられたという伝承が残っている。その表面には、みどり石、テーブルさんご、その他さんご礁の生物の跡が残っているという。こういう石には二種類があり、一つは、テーブルさんご、みどり石などの跡を残しているが、他の種類には、そういうものは残らないという。いずれも、さんご礁起源のものであるらしい。こういう石が現在残っている地点の高さからみても、二八・二丈の丈は尺の間違いであるという考えは妥当でないことがわかる。いろいろ調査をする必要はあろうが、津波が二八・二丈の地点まで達したという記録を積極的に否定することはできないと思われる。

津波の被害

この津波の被害はどうだったろうか。石垣島だけを考えても、田畑の流失、作物被害の合計は二七八〇町（二七八〇ヘクタール）に達している。このほか、記録にない山地や海岸低地などの被害を含

表3　津波の被害

島	村名	当時の人口	死・不明者数	死亡率	住家全壊	波高
				(%)		(m)
石垣島	大川村	1,290	412	32	174	9.2
	石垣村	1,162	311	27	148	9.2
	新川村	1,091	213	20	139	8.2
	登野城村	1,141	624	55	184	12.2
	平得村	1,178	560	48	178	26.0
	真栄里村	1,173	908	77	176	19.4
	大浜村	1,402	1,287	92	210	44.2
	宮良村	1,221	1,050	86	149	85.4
	白保村	1,574	1,546	98	234	60.0
	桃里村	689	0	0	52（桃里村・仲与銘村計）	9.7
	仲与銘村	283	283	100		10.7
	伊原間村	720	625	87	130	32.7
	安良村	482	461	96	90	56.4
	平久保村	725	25	3	15	
	野底村	599	24	4		
	桴海村	212	23	11		
	川平村	951	32	3		
	崎枝村・屋良部村	729	5	0.3	12	
	名蔵村	727	50	7		
	小計	17,349	8,439	48.6	1,891	
竹富島		1,313	*27	2.0		
小浜島		900	*9	1.0		
鳩間島		489	*2	0.4		
西表島		4,596	*324	7.5	16	
黒島		1,195	293	25	85	
新城島		554	205	37	184	
波照間島		1,528	*14	0.9		
与那国島		972	0	0	1	
合計		28,896	9,313	32.2	2,176	

（*はその島の人が石垣島に行って死亡したことを示す。）

めれば五〜六〇〇〇町に達するであろう。これは島全体の約四〇パーセントにもなるのである。島内には図11に示すような村々があったが、東海岸の村々はすべて大被害をうけた。たとえば、仲与銘村は人口二八三人のところ二八三人が死亡、つまり全滅した。死者数の人口に対する比、死亡率をとると、白保村九八パーセント、安良村九六パーセント、大浜村九二パーセント、伊原間村八七パーセント、宮良村八六パーセント、真栄里村七七パーセント、登野城村五五パーセントと、五〇パーセント以上の村々が相当ある。いっぽう、西海岸では桴梅村が死亡率最高で一一パーセント、名蔵村がこれについで七パーセントになっている。こうして、石垣島全体では人口一万七三四九人のうち四八・六パーセントに当たる八四三九人が死亡した。つまり全人口の半数が亡くなったのである。また、住家全潰《ぜんかい》は一八九一に達した。これに比して、竹富島以下の八重山群島の島々では、死亡率の一番高いのが、新城島の三七パーセント、黒島の二五パーセントで、それにつぐものは西表島の七・五パーセントにすぎない。こういう島々の被害も含めると、八重山群島で総計九三一三人が死亡した。これは総人口二万八八九六人の三二・二パーセントに当たり、住家全潰は、二一七六である。このことと図10を比べると、リーフが防波堤の役割を果したことが容易にうなずける。

八重山群島の東方一二〇キロメートルにある宮古諸島の被害はどうであったろうか。総計では二五四八人が溺死した。宮古島でも、地震後、潮が引き、岩礁や砂浜が遠くまで露出した。海岸の人々は何事かと怪しんだが、まもなく津波が南方から前後三回にわたって押しよせた。波の高さは一二〜一三丈、又は三・五丈、又は二・五丈に及んだという。ほかに馬四〇三、牛二三八頭が流され、船七六隻が破損し、田畑一〇三町が被害をうけた。

死者・行方不明については男女別の人数がわかっている。八重山群島全体の死者九三一三人のうち、その五七パーセントに当たる五二八九人が女であり、残り四〇二四人が男である。さらに老人・子供などの比率がわかると参考になるのであるが、死者の年齢構成はわかっていない。また、一戸当たり平均七人家族であるとすると、一戸当たりの平均死亡者は二〜三・五人となり、家族構成員の三〇〜五〇パーセントの人々が亡くなったことになる。このような家庭の崩壊は、その後の復興に暗い影響をあたえることになる。

遭難家族の一例を示そう。登野城の里賢家は一三名の家族である。戸主の里賢は助かった。妻（年齢不明）と長男（三二歳）、長女（二四歳）、三男（一六歳）と、長男の家族である妻（三一歳）、長女（四歳）、長男（三歳）の七人が亡くなった。とくに長男の家族は全滅したのである。その悲惨さが思いやられる。戸主里賢は今でいう公務員で、後には津波のときの働きをほめられ、首里から表彰状や賞品を与えられた。里賢は家族の遭難の苦しみに耐えて、人々のために働いたに違いない。その働きが認められたのである。どんな思いだったのだろうか。

被災地の救済

さて、琉球政府の出先である蔵元では、津波で首脳部五人が死亡し、他の数名はそのとき出張していた。そのうえ、蔵元の庁舎も流されてしまったので、政府の機能は破壊した。当初は、登野城・大川・石垣・新川の四ヵ村（四ヵ村といっても一続きの集落で、ここに蔵元があった）だけの災害だと思っ

ていたが、東部の大浜地区からも被災報告が入ってきて、

諸人猶《なお》以て正気を取失い、島中騒動言語道断の仕合いに御座候、

といった、大へんな混乱であった。しかし、蔵元の役人の中には臨機応変の処置をする人もいて、早速、救援活動が始ったのであった。大浜長致は、わりに被害の少なかった名蔵・崎枝の二村から至急に上納米を徴収するとともに、舟という舟をあるだけ集めさせた。集めた舟の中の一隻を出張中の首脳部の人々の出迎えに出し、他の舟は四ヵ村の浜において、漂流溺死者の救助に当たらせると同時に、負傷者や助けられた人々を介抱させ、さらに、飯粥や湯水を準備させた。こうして救助作業は夜までつづけられた。火をたいて、徹夜で救助に当たったのである。多くの人々が、長致の活躍で救われたことであろう。この事が認められて、琉球王府から二階級特進がおこなわれ、そのうえ綿子二把が与えられたという。

四ヵ村の大半は流潰され、蔵元もこわされ、医者や役人の家も流され、津波後の社会は混乱状態にあった。衣食住に事欠く状態であったに違いない。そのうえ再び津波に襲われたらどうなるだろうかという心配が人々の脳裏に去来したことであろう。そこで、今後とも子孫に至るまで津波の災禍から逃れたいという希望が生まれたのも当然のことであった。蔵元にも前記四ヵ村も被害をうけない所に移転した方がよいという考えが台頭してきた。そこで琉球王府に願い出て許可をうけ、津波のあった年の冬から移転が始まった。移転先は三キロメートル北方の文嶺という高台であり、まず二三戸が移

転した。こうして翌年には蔵元も高台の地に移って行政事務を始めたのである。文嶺には奉公人住宅二四軒も完成した。しかしいざ移転して、年月も経ち、津波の恐怖も薄らいでくると、喉元《のどもと》過ぎれば熱さを忘れるのたとえの通り、生活の不便が表面化してきた。船着場から遠くて不便であるとか、高台のため用水が不自由であるとか、御用布を海岸まで持って行ってさらさなければならないとか、各地からの税穀や御用布を運ぶのが不便であるとか、いろいろな理由から、文嶺に移転した翌々年には、再び元の所に戻ろうという意見が強くなった。上記の理由は、文嶺に移転するときには十分覚悟していたはずのことばかりである。何十年、何百年をおいて訪れる災害に対する行政施策がいかに難しいかを示す好例でもある。この意見による陳情をうけた役人は、さまざまな階級の人々を集めて住民大会を開いて採決した。その結果、文嶺にふみ止まるという人は二三人、再移転を希望するものは五六七人という圧倒的多数であった。こうして、再び元の四ヵ村の地に戻ることになったのである。

この話は平成二三年三月一一日の東日本大震災からの復興計画に示唆を与えるものである。マグニチュード九に達するような大地震の再来間隔は、数百年で、人間の一生よりもはるかに長い。この再来期間の長さが復興計画の策定に考慮されているのか心配である。

津波により大被害をうけた村を再建するに当たって、蔵元は、まず村の場所を移し、津波後生き残った人をそこに移すと同時に、被害のなかった村々から人口をわけて移住させ、新しい村を作る方針をとった。こうして六ヵ村の移転再建がおこなわれた。新しい村へ人口の配分を求められたのは、被

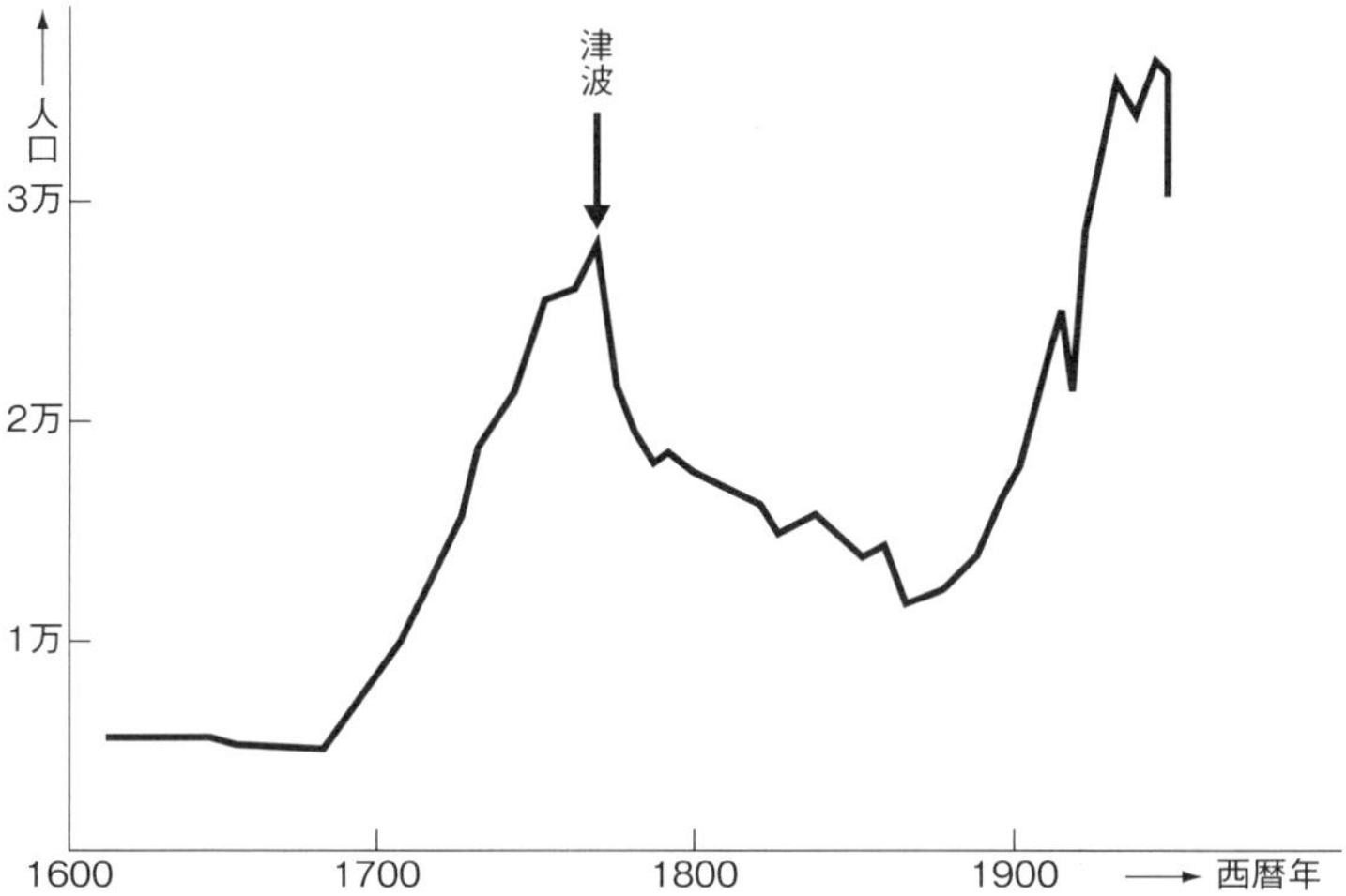

図 13　八重山群島の人口推移

害の少なかった離島の村であった。たとえば大浜村は人口一四〇二人のところ一二八七人が死亡し、生存者は僅か一一五人であったので、ここに波照間村から四一九人を移し、計五三四人として、田原という所に新しい村を作った。しかし、新しい村の敷地は不便であるなどのことから再び元の村の場所に移った所が多かったらしい。

いっぽう、津波の結果、衛生状態が悪化し、波をかぶった田畑の生産力は減退した。こうして、津波のあった一七七一年以来、相次いで凶事が島に発生した。翌年の一七七二年には疫病により死者多数、一七七三年には大飢饉で、牧牛二三〇〇頭を食用に供した。一七七六年にも大飢饉で死者二〇〇人。また、牛の疫病のため牛馬死一五〇頭。さらに一九世紀に入ると、一八〇二年に再び疫病で死四二五人、一八三四年には疫病・麻疹で死六三六人。その後一八三八年までに伝染病による死者一九九六人。一八五二年にも疫病と麻疹で一八三四人が死亡した。八重山群島の全人口は、津波前に二万八九九二人であったが、津波により一万九六七九人に減少した。その後、村再建に努力したが前述のような凶災が相ついだ。そして人口はその後も減少する一方であった。一八五四年には人口は最低の一万一二一六人にまで減ってしまった。その後、除々に人口は増加するが、津波以前の水準に戻ったのは大正八年（一九一九）で、実に津波後一四八年めである。人口の非増加の理由としては、上述の凶災のほかに、社会・政治的なものもあったであろう。しかし、この事例は離島における津波の後遺症の恐ろしさを伝えるものとして肝に銘じておくべきであろう。

八重山の伝承にみる津波

前述の牧野氏の著書により、八重山の伝承のいくつかを通して側面から津波をながめてみよう。

宮良村では、突然、鶏が木の上にバタバタと飛び上ったので、人々は驚いたというが、前兆とみるべきかどうかははっきりしない。また、津波の前になると、風が止んで静まりかえり、「嵐の前の静けさ」といったような雰囲気であったという。この村では、村人二名が裏山にいて海の異変を見つけ、馬をとばして村に帰り、村人に異変を示したので、村人は早く高台に避難して多くの人が助かったという。

この宮良村にペーチンという有力者がいた。占の本をもって、風水、禍福吉凶の占をしていた。津波の日は早朝から田に草取りに出かけていた。そこに地震がきた。南東の方には雷のような物凄い音がした。ペーチンは田に持って行った占の本をひらいて見ると、どうも「なん（津波）」がくると判断されたので、驚きあわてて、近くで同じように仕事をしていた人々にも声をかけて高台に逃げようとした。しかし、波の勢いは早く、すでに身辺にまで迫り腰の高さまで水に浸ったが、やっとの思いで高台に逃げのびて、ふりかえると、後からついてきた六人は波にさらわれて見えなかったという。波が地震後まもなく襲ってきたので、逃げる暇もなかったようすが手にとるようにわかる。

石垣村では、こんな話もある。宮良氏は、津波に驚いて飛んで行って、村の後方につないであった自分の馬にとびのり、逃げようとして鞭《むち》をあてた。しかし、馬は円をえがいて、一つ所をくるくるまわるだけで一向に進まない。注意してみると、馬の手綱がしばりつけられているままである。しまった、と思い、すぐに馬から下りて綱をほどいていると、もう津波は上陸し、村の後方の低地をゴーゴーと音を立てて、波がさかまいているのであった。この人は、結局、命びろいをしたのであるが、もし、馬の綱がしばりつけられていなかったら、ちょうど馬が低地を走っている頃に津波に流されたことは間違いなかった。あわてて馬の手綱をほどくのを忘れたために助かったのである。この村では台地まで達した人々は助かったが、村を出て、途中の低地にいた人々は残らず波に流されたという話である。また、不具者や女子供が助かったという話もある。津波から逃れるためには突嗟の判断がいかに運命を左右するかを教えてくれる。

同じ石垣島の話である。ある人は突然の津波に逃げる暇もなかった。やむなく、自分の家のかやぶきの屋根の上に登った。ところが家全体が波に浮んで流されたのである。波にのって沖に出てしまった。帰るにも帰れず運を天に任せていたところ、この家は西表島に漂流し奇跡的に助かった。

さて、石垣島は被害が最大であったが、黒島や新城島もかなりの被害があった。しかし竹富島や小浜島には殆《ほとん》ど被害がなかった。とくに竹富島では波が島を洗ったけれども、人家のある中心部までは達しなかった。この事の不思議が伝説を生んだのかも知れない、当時の竹富島の人々は、この島は神の島なので、津波のときに島が浮き上がって難を免れたと誇っていたという。しかし、図10からもわかるように、黒島・新城島などのリーフが竹富島にとって防波堤の役割を果たしたのであろう。

八重山地方の口碑伝説によると次のようない い伝えがあるという。

地底深くすんでいる
大かにが大はさみを振り
奇襲して
大うなぎの尾を
はさんだので
大うなぎは痛さに
こらえかねて

身体をふるわしたので
地震が行った

ここでは、なまずでなく、うなぎが地震の原因になっている。しかも大きなかにがうなぎをはさんだこと、うなぎがどうしてあばれたかという理由までついている。こういう伝承は、内地のなまずの伝承とどういう関係にあるのだろうか。

5　島原大変、肥後迷惑

夜陰火気焔々

寛政四年四月一日（一七九二年五月二一日）の酉《とり》の刻すぎ（午後七時すぎか、既に暗くなっていた）に、島原半島の雲仙岳の東、現在の島原市のうしろにある眉山が、大地震・大音響とともに崩壊した。その崩れた土砂が島原海に入ったために津波が発生した。津波は島原半島ばかりでなく対岸の熊本県沿岸も襲い多くの死傷者を出した。家屋も多数流出した。つまり、島原に大変事が発生し、その余波をうけて、肥後（熊本県）に被害が生じ、大いに迷惑をこうむったというわけで、「島原大変、肥後迷惑」と、いまだにいい伝えられている。これは、火山の噴火活動に伴う地震・津波である。珍しい例なので、以下、順を追って、活動のあとをたどるが、まず、いかに被害が大きかったかを数字でみてみよう。島原およびその付近で死者一〇一三九人、傷者七〇七人、流出家屋三三四七、流失蔵三〇六、流破船五八二以上。天草島で死者三四三人、流失家屋七二五、流失蔵二、流破船六七。肥後の飽田・宇土・玉名三郡の合計は死者四六五三人、傷者八一一人、流・潰家二二五二、流破船一〇〇〇以上である。合計すると死者は一万五〇〇〇人以上になる。明治以来、地震で死者が一万人以上出たのは、明治二九年（一八九六）の三陸地震津波と大正一二年（一九二三）の関東大震災及び平成二三年（二〇

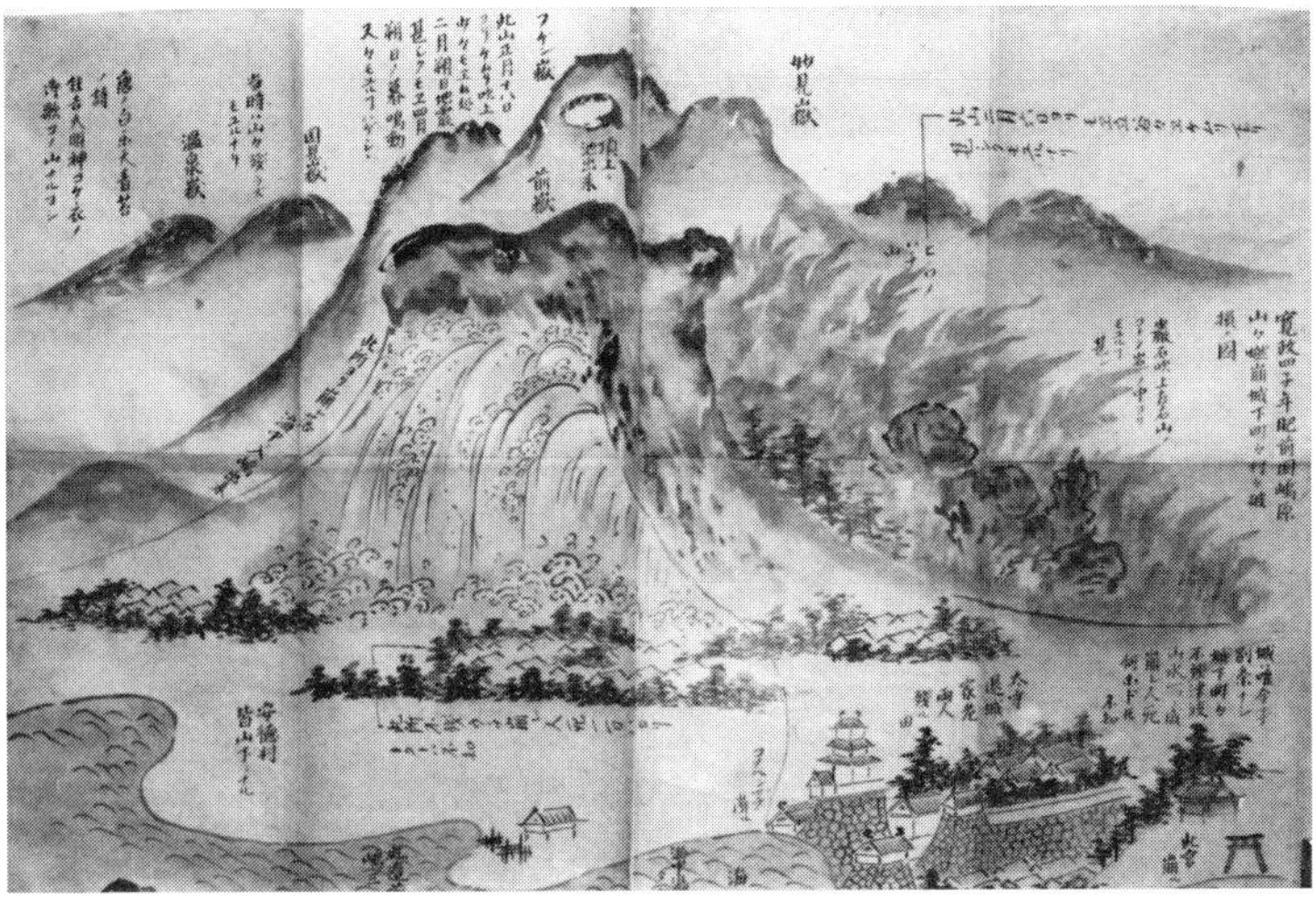

図14　島原大変古絵図（東京大学地震研究所所蔵）

一一）の東日本大震災の三回だけという事実と比べてみれば、これがいかに大きな被害をもたらした大変事であるかがわかるであろう。

この噴火活動は前年の寛政三年一〇月八日（一七九一年一一月三日）に始まった。この日から毎日三〜四回の鳴動がつづき、一一月一〇日ころから地震が強くなった。とくに島原半島の西側にある小浜で地震が強かった。その村内の横手という所に山番小屋があり、そこに老人夫婦が住んでいたが、地震によるうしろの山の崩壊により、小屋もろとも圧しつぶされて、夫婦とも亡くなったという。

雲仙岳の最高峰普賢岳は、年も改ったばかりの寛政四年一月一八日から鳴動が激しくなってきた。普賢岳の小さな祠《ほこら》の前の鳥居のわきに直径五〇メートルくらいの凹地があり、その中に直径五〜六

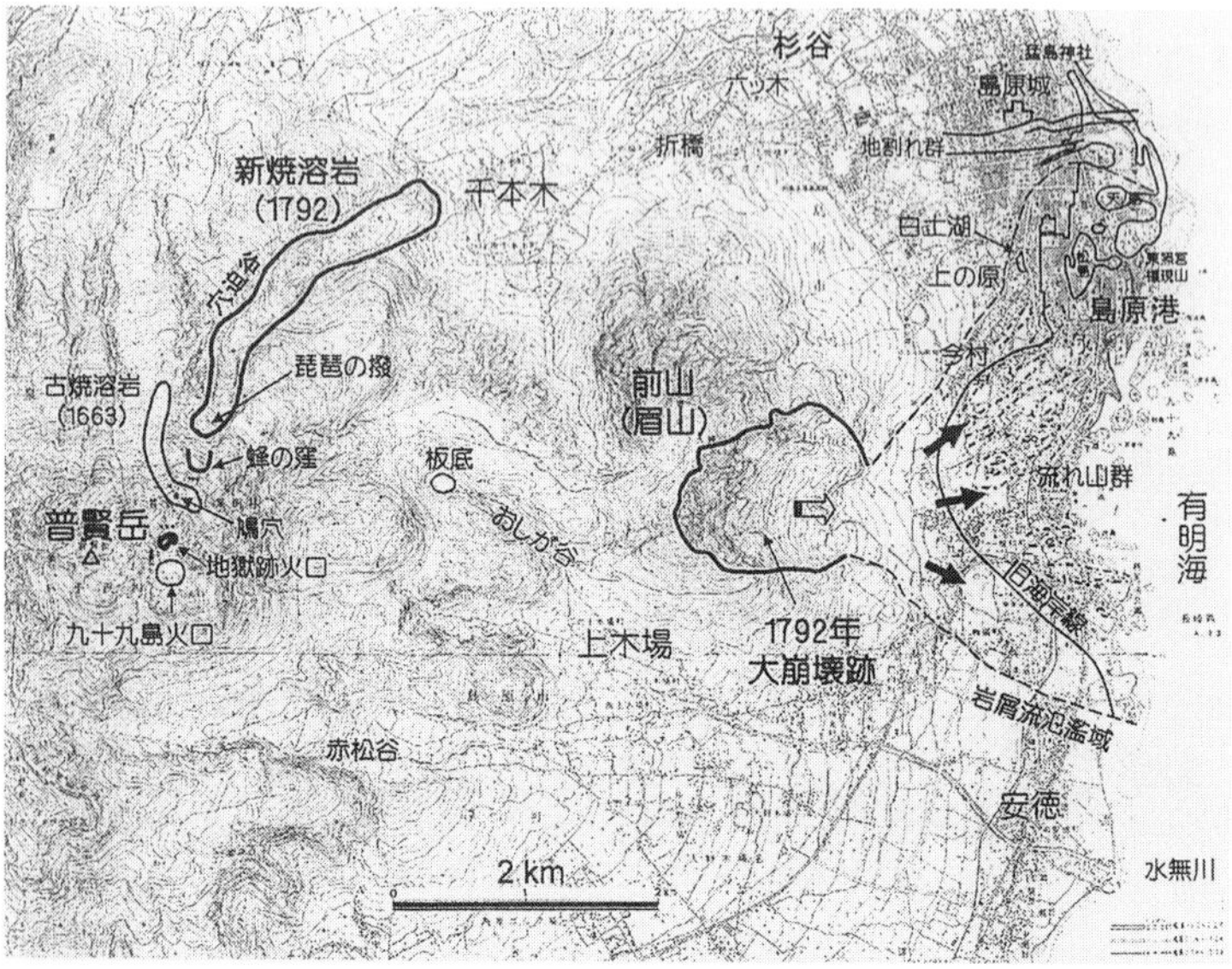

図15　前山（眉山）大崩壊前後の地形変化（『日本歴史災害事典』より）

メートルくらいの穴が二つでき、そこから泥土や小石・砂利まじりの噴煙をふき出し、灰が東の海岸にある島原城の付近まで降るありさまだった。この噴火活動は一月二〇日ころまでは盛んであったが、その後は日を経るにつれて穏かになってきた。そして閏《うるう》二月（この年は二月と三月の間に閏二月をおいた）の初めになると、ますます静かになり、湯気をふき出していた所は沼のようになって、わずかに一〜二メートルくらいふき上げる程度にまで収まってきた。

いっぽう、普賢岳の東北の穴迫谷《あなさこ》という谷が二月四日から震動をはじめ、二月六日から鳴動し、煙や砂利・泥土をふき出しはじめた。ここの場所は険しく、とても近づくことができないので、遠くからみると、吹出し場所の近くで、約三町歩（三ヘクタール）ほどの所の岩石が崩れている。はじめは普賢山の活動より弱かったが、次第にはげしくなり、二月八日ころからは夜に火が見えるほどになってきた。谷の中の草や石・砂利は徐々に崩れ、焼けた岩が縦一八〇メートル、横一二〇メートルくらいの大きさで露《あらわ》にみえるようになってきた。この岩は、震動のため少しずつ割れては谷底へころび落ちて行く。途中で木や石にぶつかって砕け散るようすは物凄《ものすご》く、人々は恐れおののいていた。しかし、こわいもの見たさというか、日が経つにつれて、領内の人々はむろん、近くの国々からも大勢の人々が見物にくるようになった。こうして、思いもよらない名所が生まれたのである。危険なものを見たくなる気持ちは今も昔も変わらないようである。そのようすは次のように記されている。

……老若尊卑となく、爰《ここ》に群り集りて、千本木辺の行粧は、誠に華の都に等しく、鄙人《ひじん》誇り顔と読しも、斯る時をや、武家商家婦人、皆紅粉の色を争ひ、三弦の妙声あれば、華唄の美音山を轟し、呂木山の麓には、茶店酒店を修補、生酔の絶間なく、世の営みに暇なき出不精、足弱も、両三度為に至らぬ者はなし……

このように昼夜の別なく大勢の群衆が見物にくるようになったのだから、けがをする人も出るようになった。こういう常識はずれのことがおこなわれているということが殿様の耳にも入り、ついに三月一三日になると藩庁が見物停止の仰せを出すに至った。しかし、いつ危険が迫ってくるかもわからないので、ようす見分のために見に行く家主はさしつかえないという配慮がなされていた。その後も

図16　島原半島

火山活動は衰えることなく物凄い状況であった。

この穴迫谷と普賢岳の中間に蜂の窪という山がある。ここは二月二九日に、鳴動をはじめ、煙を吹き出すようになった。ついで閏二月三日にも、近くから煙をふき出したが、どちらも険しく、とても近よることも出来ないが、すさまじい光景である。ここも穴迫谷のついでに見物する人が多かった。こうして閏二月の下旬にもなると、「夜陰火気焔々」として物凄く、鳴動も強く、山の中には毒気もただよい出して、登山者や樵夫《しょうふ》が時々呼吸が苦しくなったり、小さな獣や鳥が死ぬことがあった。

このころに、こんな話がある。閏二月中旬のことである。ある小役人の家で柱の根が鳴動し、震動のたびに柱が鳴りひびき、棚の皿やトックリがころげ落ちたりして、人々は、今にも山頂でみられるように、泥水が吹き出すのではないかと心配だった。このことが殿様の耳に達し、閏二月一五日に、大勢の人足を出して、柱の下を五～六尺も掘ってみたけれども、とくに変わったこともない。そのまま土を埋め戻したが、どういうわけか、鳴りも収まったということである。

前山の爆発

三月一日の夕方から地震がおこり始め、次第に強くなってきた。島原城の背後にある前山（眉山）が地震のたびに木・石・砂をふるい落とし、時には土煙が山をおおって見えなくなるというありさまになってきた。夜になると、ますます激しくなってくる。今までは城から八キロメートルも西方の山での噴火活動だったので、見物などのんびりしていたところもあったが、城下で地震が急に強くなってくると落着いてもいられなくなる。侍たちは、夜にもかかわらず、登城した。ともかくも、その一日の夜には、いざというときの立退きの準備のための仰せが出された。この一日の夜の地震はひどく、城内・城外ともに住宅の建具も外れるほどで、しかも絶え間がなかった。三月三日になると少しは軽くなったが、いざというとき海上に逃げ出す用意として、一万余艘の船の準備をしたという。

このときには島原村などで地割れが多く、ある地割れは家の下を通り抜けて行った。しかも、割れ目の一方が落ち、他方はもとのまま、つまり落差のある割れ目であったから、下柱は釣り上がったようになり、その柱の下に臼などを置いて逃げ出した人もあった。また、島原の鉄砲町では、東西に走る割れ目が二本できた。はじめのうちは幅三～五センチメートルくらいであったが、幅が次第にひろがり三〇センチメートル以上にもなった。その深さは深いらしい、割れ目に茶椀くらいの大きさの石などを投げこむと、音がしばらく聞こえていたという。

こんな状態だったので、人々は立ち退きをはじめたが、三月の末になると地震も少しは収まってきたので、徐々に町に帰ってきた。町もまた賑かになり、地震も鎮まって、人々も落ち着いてきた。しかし、町に帰っても、商売もなく、米屋も店を開いていないので、中流以下の人々は、毎日の米にも困るようになり、飢える人も出てきたので、殿様から御救米をいただいたりした。

前山の東側の嶮岨《けんそ》な所にある楠平という所が、三月九日、穏やかな日であったにも拘らず、地すべりをおこした。人々は大変おどろいて、そのようすを見守った。すべった所は一五〇メートルくらいともいい、大きさははっきりしない。人々は島原から遠い普賢岳や穴迫谷のことばかりを心配していたし、すぐ近くの前山には

今迄何の病ひ有る共思へざれば……聊《いささか》も此山に別儀有るべくとも思われず

と考えていた。

こうして運命の四月一日を迎えた。人々は地震に馴れ、少しくらいのゆれには驚くこともなく、仕事に精出していた。四月一日の暮に強い地震が二回あった。そのすぐあとに

東の海手鳴動して、只百十の雷の鳴はためくに異ならず

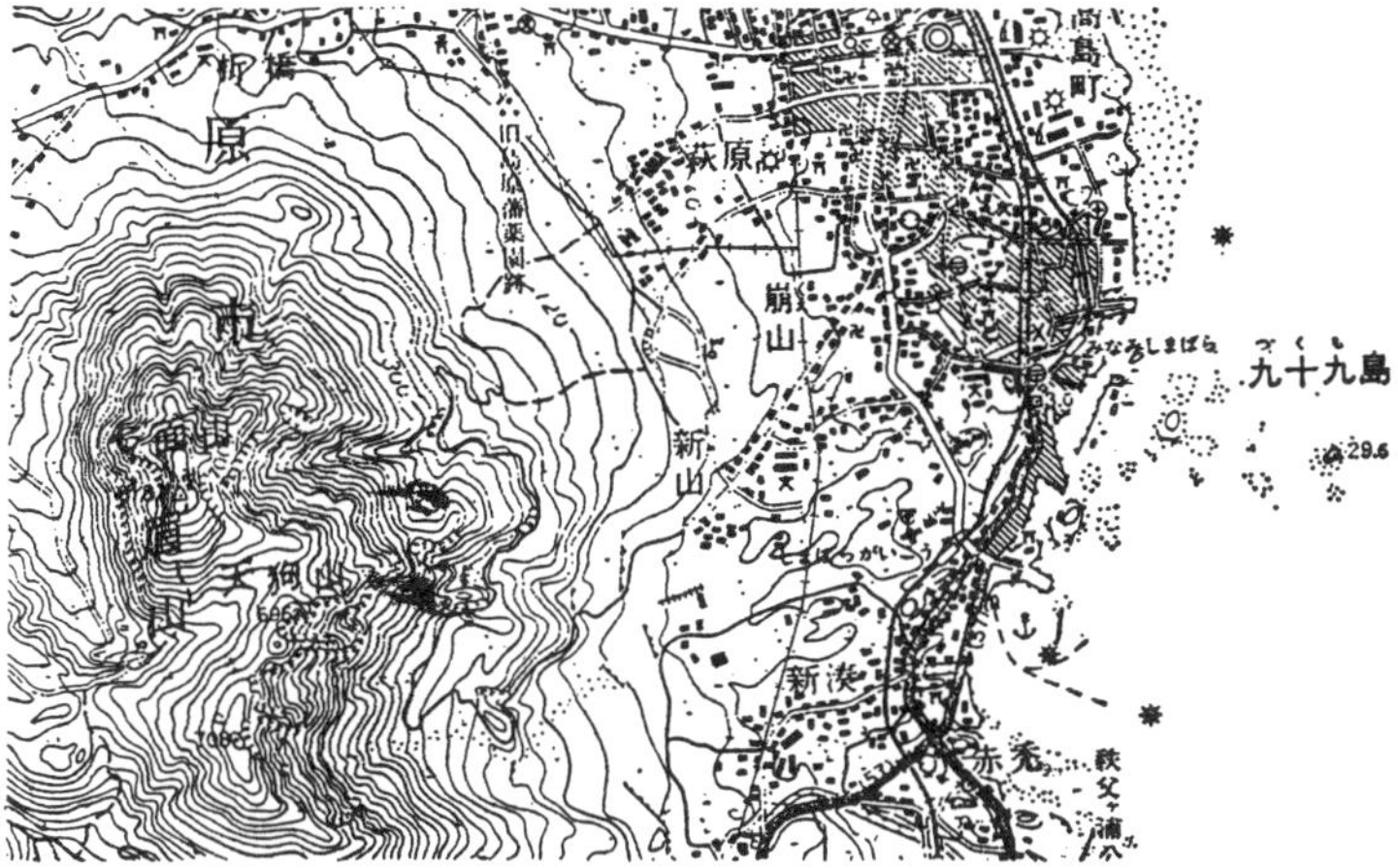

図17　島原市付近地形図（5万分の1地形図島原）

というありさまだった。そこで、何事がおこったかは、暗くなってわからなかったものの、家中の人々は登城した。洪波（津波）があったらしいというので大手門の所に出かけてみると、門外は阿鼻叫喚《あびきようかん》の巷《ちまた》であった。怪我人の手当、家の下敷になっている人々の救出などをおこなったが、夜のことでもあり、声が便りであった。夜が明けてみると、驚いたことに前山の東半分が爆発して飛ばされて、海中にたくさんの小山を造り、島原市中では、あるいは山が生まれ、ある所は川となるという思いもかけない大事件であることがわかった。この爆発によって、前山の土量〇・三四立方キロメートルが島原海に入り、津波をおこした。現在の五万分の一の地形図を見ると、島原市の東の海中に九十九島という小島群がある。これは前山の崩土によってできた島で、一八一二年に伊能忠敬が測量したときには五九の島があったという。この爆発によって前山の一峯である天狗山は高さが約一五〇メートル低くなった。また前山の東麓の海岸線は約八七〇メートル東方に前進した。

津波は三回襲来した。第二波が一番高かった。その波の高さは一〇メートルくらいと推定されている。波は前山より北では南からやって来たというし、南では北からやって来たという。海中に投げ飛ばされた前山の崩土が津波の原因であったことがわかる。

二、三のエピソードをみよう。多くの悲惨な話が伝えられるのは地震の場合と同じである。ある人は、津波と聞くや否や駈けだしだが、間に合わず大手橋で波にさらわれてしまった。そうして前後不覚となり、何もわからなかったが、気がついてみると約五キロメートル南の安徳村の海岸にうち上げられていた。また、山中源兵衛は、地震にあい、うしろから何やら山のようなものが飛ぶように迫ってくるので、力の限り走り出した。そうして四〇〜五〇メートルくらいうしろにある家が波でこわされる音を聞きながら逃れたのであるが、ほんの僅かの差で波にさらわれるところで、波先の五メートルくらい前をやっと逃げのびることが出来たのであった。この二つのエピソードは波の襲ってくるスピードが、ちょうど人間の全速力で走るスピードと同じくらいであることを示している。

城下の立退き

こういう災害にあったのであるから、人々は再びどんな大変災にあうかも知れないというので、途方にくれ、何らなすところなく、うろたえるありさまであった。御家中の諸士は三の丸に詰め切りで評定をし、島原を立ち退くことになった。領主松平主殿頭は四月二日正午前に城を出て、北方の守山村に移った。そうして四月五日に文書でもって諸役所の移転と家中の避難を命じた。しかし、家中の者は、本城を離れるのは武門の恥であるし、そういうことをしたら幕府から譴責《けんせき》をうけるだろうというので、命に応じなかったが、六日に再び領主からの諭《さと》しもあって、四月八日に諸役所を北方の三会村別墅景花園に移し、家中の人々も北方の村々に移った。しかし、留守中は城代番頭らが兵器を携えて城の内外の警備に当たった。家中の二、三男や浪人が志願して警備に加わるものが出てきた。こういう人は後になって召かかえられた。また、こんな時でもあり、昼も夜も股引《ももひき》や草鞋《わらじ》を脱ぐひまがなかったので、蚊や虱《しらみ》になやまされたという話もある。

さて、立退きは大変であった。老人や子供は背に負ったり、手をひいたり、あるいは杖にすがったり、病人はモッコで行く者もあり、家財道具は置いて行くにしても、その混雑は一通りではなかった。また、新しい村に落ちついても、不自由で、商人がくるわけでもなく、津波は立退き先である北方の村々も襲っているので、どうにもしようがなかった。家中の者は四月一日いらい三の丸に詰切っており、その間に家族が近郷に退避したこともあって、家族となかなか会えなかったり、衣類道具をとりよせたりということで、海岸ぞいの道は人の往来がはげしく、東海道もかくやと思われるほどであったという。

守山村に退避していた領主は、四月一九日に島原城内外の見分のため、早朝に守山村を出発し、途中、諸役所の立退き先である景花園に寄って、午前一〇時すぎに島原城内に入り、馬上から町の変わり果てたようすをごらんになり心痛せられた。その日のうちに守山村にお帰りになったが、翌月に病気にかかり、四月二七日に卒去された。わずか五一歳であった。どういう病であったかは不明であるが、心痛が重かったためであろう。幕府の譴責を恐れての自殺という噂もあった。

その後、地震の数も減り、心配していた山々の新たな変事もなく、さらに領主が退避先で亡くなったこともあり、人々は何となく味気なく、故郷が恋しくなってきた。そこで協議の結果、五月一九日に、景花園に立退いていた諸役所を島原城内に移すこととなり、諸吏は城下に移っても、退避先から通勤してもよいことになったが、各人争って城下に帰ってきた。しかし、野菜や豆腐を売る店もなく、大いに不自由したので、藩庁は豆腐屋に大豆を貸与して豆腐を作らせたが、僅か一〜二軒で作ることであり、他の食料とて思うにまかせなかったので、不足して、三〜四日前から予約しなければならない程であったという。

四月一日以降は徐々に活動は収ったものの、次のようなことが引きつづいた。

・地震後出水が増加したが、日を経るにつれて減少し、四月中旬にもなると水不足を感ずる村々があった。

・穴迫谷《あなさこ》の噴火は四月一日以降しずかになったが、四月二五日になると再び勢いを増し、二〇メートル余も噴下った。（よう岩が流下した意味か?）
・五月九日に地震。中木場村や安徳村で地が裂け、裂け口が日を逐って広がった。五月二九日、六月一三日にも中木場村に地裂。
・六月一日の正午ごろ普賢岳の噴火再び勢いを増し、大小の石をとばし、北東約五キロメートルの千本木あたりまで灰が降った。六月四日に現場に行ったが八〇メートル以内に近づくことが出来ず、鳴動のため、八〇メートル離れた地点で話は聞えなかった。
・七月には、前山・穴迫谷などの焼岩や破裂跡の崩れが多かった。

こうして、噴火活動は鎮静に向ったのであるが、この変災で特徴的なことは、前年の一〇月に前兆現象が島原半島の西岸に始まったが、その活動は徐々に東方に移り、四月一日の変災のおきた前山は半島の東岸近くにある山であった。こういう西から東への活動の移動は昭和四三年（一九六八）にあった雲仙地方の群発地震のときも見られた。

もう一つの特徴は、四月一日の前山の崩壊のときに山水が押出したということで、割れ目から石や砂を吹き出すような感であった。麓にあった木々はそのまま押し出された。地下から吹き出すように小山があちこちに出来、中には硫黄臭を発するものもあった。また、谷底に岩石が崩れ落ちる物音がきびしく、沸き立つように聞こえた。

肥後のようす

さて島原半島の対岸のようすはどうだったろうか。肥後の人々は寛政四年一月一八日の地震いらい、島原に山火災がおきたら直ちに救いに行こうというので、船の準備をするものはあったが、大津波が襲ってくるなどと考えたものはいなかった。三月には地震が頻発したものの、三月下旬になると地震もしずまり、雲仙岳も澄んでよく望めるようになってきたので安心していた。そこに不意に四月一日の変事が発生したのである。ちょうど黄昏《たそがれ》どきであった。島原の方向に雷のような大きな音がして、まもなく津波が襲ってきた。急いで逃げた人は助かったが、財産に執着した人は亡くなったという。被害は前述の通りであるが、海水が入り荒地になった田畑は肥後三郡で二一三二町（二一三二ヘクタール）に達した。

天草郡は島原半島の南・東に位置しているが、四月一日の津波は同郡の一八村の海岸を襲った。とくに大矢野島では流死者の漂着が多く、村民は奮って埋葬したという。被害は上述のほかに田畑一七〇町歩余に及んだ。

これが現代であったらどうだろうか。観測技術を動員すれば普賢・穴迫の噴火は予知できるだろう。前山も活動に異変があるという予測はできても、山体が崩壊するという予測は可能であろうか？　また、予測ができたとして、住民を無事に事前に退避させることができるであろうか？　地震予知の場合と同様に、噴火予知の場合にも、予測と公表という難かしい問題をまず解決しなければならないの

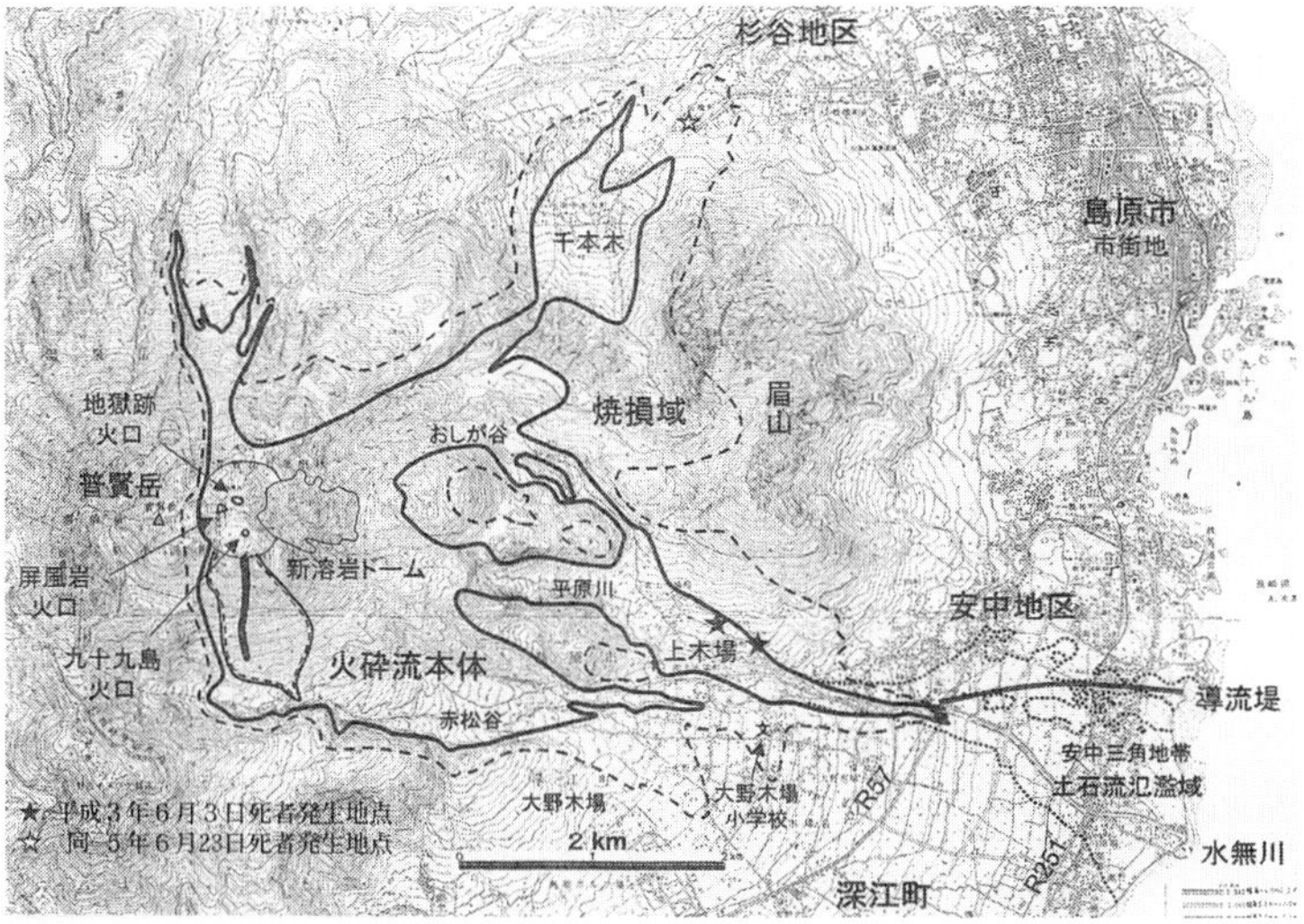

図18　火砕流・土石流の流下範囲と火砕流による死者発生地点（『日本歴史災害事典』より）

である。

災害のくり返し

地震断層説によると同じ場所に地震は繰り返すことになる。その再来間隔は地震によって異なり、第一章にのべた慶長地震の再来は阪神・淡路大地震で、再来間隔は約四〇〇年になる。又第一〇章にのべる南海地震は過去六八四年、八八七年、一〇九九年、一三六一年、一六〇五年、一七〇七年、一八五四年、一九四五年と八回起きている。再来間隔は九〇〜二六〇年と一定ではない。本章の島原大変も、地震というより噴火現象であるが約二〇〇年後の平成二年一一月一七日にくり返している。最初は普賢岳の噴火に始ったが、五月二〇日には熔岩を噴出した。小康状態を経て平成五年二月には又噴火活動が活発になり、平成七年二月に収まった。この間の大火砕流は一六回、噴出した熔岩は〇・二立方キロメートルであった。全体として死・不明四四人、住家損傷一三九九棟に達した。死者の内訳は報道関係二〇人、消防団員一二人、警察官三人、外国人火山研究者三人等である。このように防災に携わったり、報道したりする人の死が多かったのは、防災の基本を忘れた行動に起因するもので問題となった。

6　津軽・羽後の地震

鰺ケ沢の地震

寛政四年の年もおしつまった一二月二八日に鰺ケ沢に大地震があった。太陽暦では一七九三年二月八日に当たる。津軽の国は雪に埋もれていた。正月を目前にひかえて新年を迎える準備にいそがしかった。この日の午八ツ時というから午後二時ころに、規模六・九の地震があった。震源地は津軽半島の西の海上である。菅江真澄は当時、震源地から一〇〇キロメートルもはなれた田名部（現

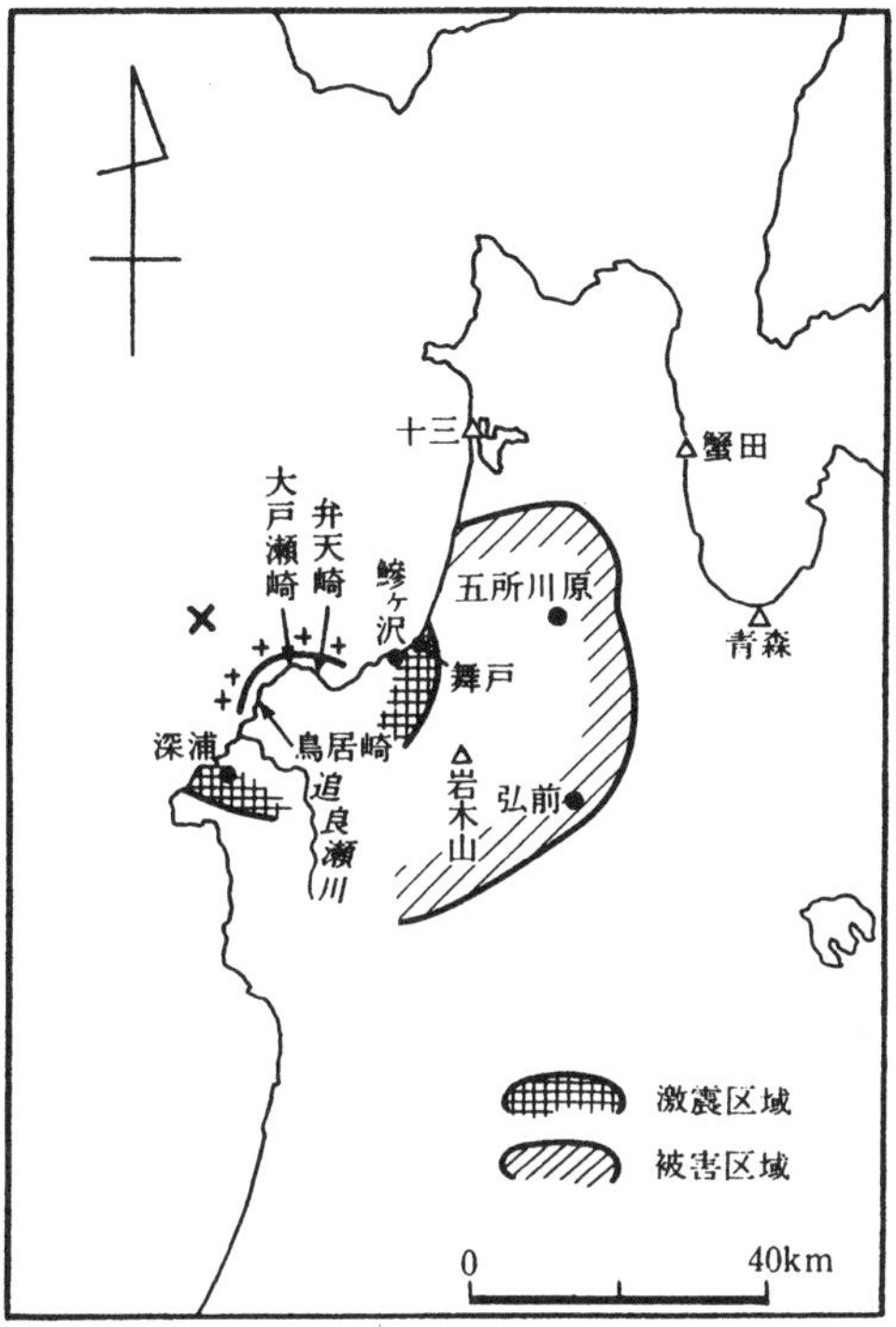

図 19　鰺ケ沢地震の震央地域（『日本被害地震総覧 599-2012』による）

むつ市）にいた。『真澄遊覧記』によると

……やもたふるばかりなえ（地震）ふり出てければ、ありとある人みな、くつもふまで高雪のうへににげのぼり、声どよむまで、まんざいらくらくのみなとなふに、舟などの浪にたゆたふがごとく、軒かたふき、ひしひしと鳴りうてき、雪もうこもちてやみぬ、こゝらの人いきつきもあへす、又なへして、ひねもす、よひと、夜ふりたり、いかならんとか……

というありさまであった。一〇〇キロメートルも離れているので、舟にのっているようにゆっくりとゆれる様、そのゆれの強さ、雪の中に逃げ出したようすが目に映るようである。こういうわけだから、震源地に近い所ではもっと激しかった。この地震は既収集史料が十分でなく、その激しさを伝える記録に乏しいが、次の『津軽年表』の記録はいろいろな意味で注目すべきものである。

……昼八ツ時近年無覚強地震に而炉中之灰吹転び候、鰺ケ沢より西通秋田の野代辺《あたり》此地震にて土地高く相成、是迄《これまで》海にて有之候場処三拾間、五拾間、百間も陸に相成候。深浦辺は此地震三十年以前戌年よりも強く候由、鰺ケ沢此時朝より海水引候に付慥《たしか》に大浪参り可申と夫夫《それぞれ》用心致候処、存之外地震に相成候故、浜へ逃候。然処《しかるところ》直に大浪参り小児共流死、山も崩候由、此後毎日七八度位づつ小地震あり、

この文によると、まず地震の強かったことが記され、ついで鰺ケ沢から南にかけての日本海岸が隆起したことがわかる。

調査によれば、鰺ケ沢の西、大戸瀬崎を中心に約一二キロメートルの海岸にわたって隆起が現れた。深浦で二〇センチメートル、黒崎沢北方で一六〇センチメートル、風合瀬島井崎で一七〇センチメートル、大戸崎三五〇センチメートル、北金ケ沢弁天崎で一五〇センチメートルの隆起があった。

上の記録にいう四〇年前の地震は明和三年一月二八日（一七六六年三月八日）の津軽の地震で、これについては後で述べる。一番大切なことは鰺ケ沢でこの日の朝から海水が退いたということである。これは陸地の隆起が地震の数時間前から始まったためとみられる。こういう現象がみられたので土地の人は、津波がくるというので用心していたら、これから六時間くらい後に思った通り地震があり、津波がきたというのである。こういう明瞭な前兆現象がみられることは珍しいが、日本海沿岸の地震では、同様な事例がいくつか報告されている。地震の直前予報にも役立つ現象である。

なお、この地震では地変の報告が目だつ。鰺ケ沢から西の海岸は、地図を見ればわかるように、山が海まで迫り、平地の少ない所である。この辺が津波にやられ、断崖が欠け崩れた。たとえば大戸瀬では潮が引き、二、三町～五、六町の海面が陸地になった。そのうえ、干上った陸地を田畑に開くという話になり、汐干潟という名前までついたという。

また、深浦の北で海に入る追良瀬川（有名な奥入瀬川と発音は同じでも、こちらは日本海にそそぐ）がある。これが地震後水が一滴も流れなくなったので、村人は不思議に思い、山中に逃げ、小屋掛けして暮らした。注進をうけた奉行が調査をしてみると、川上で山が崩れ、川を塞いでいたのであった。

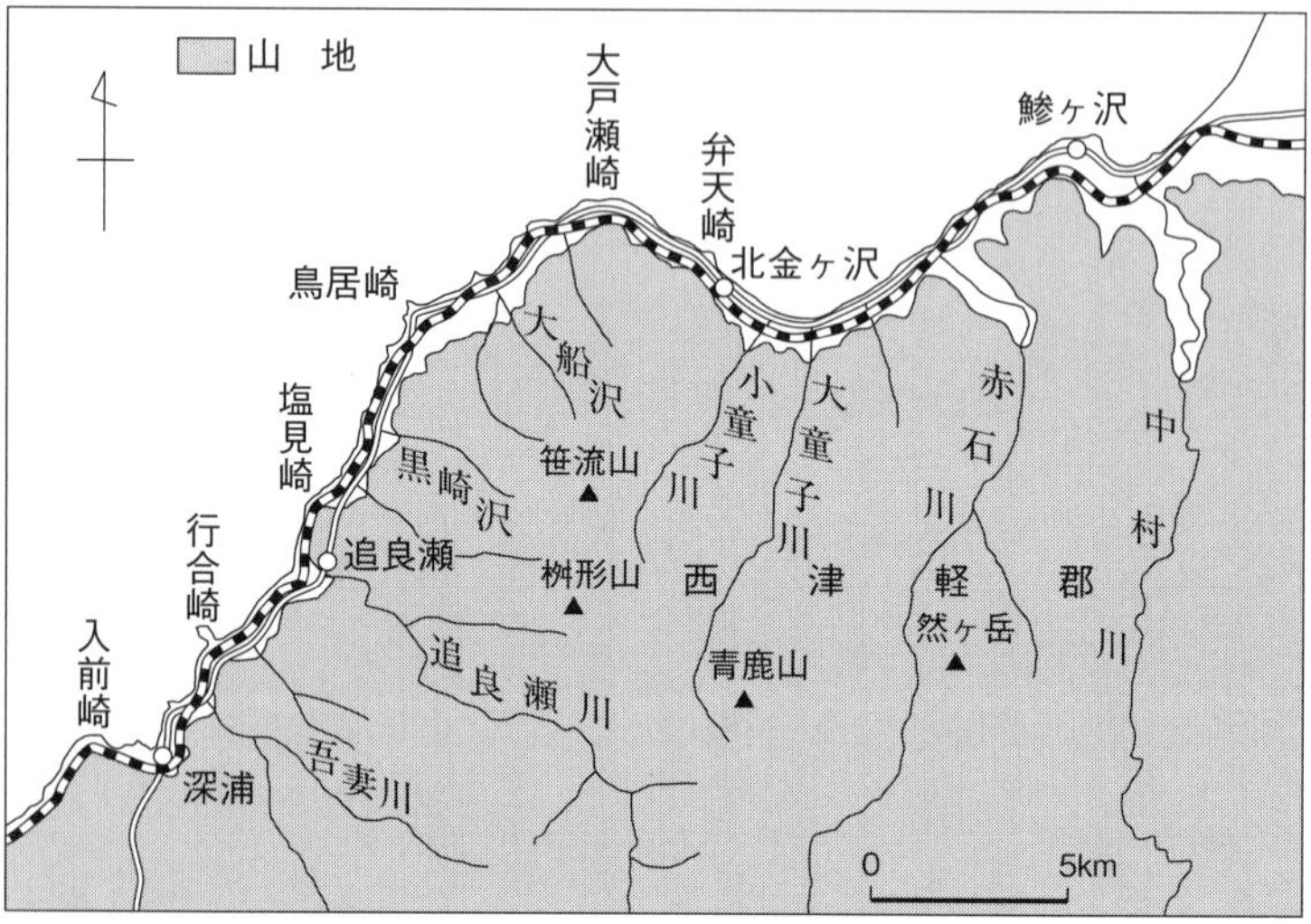

図20　鰺ヶ沢付近図

しかし、数日をへて次第に破れ、水が流れるようになった。

この地震の史料は不十分で、山崩れのようすなどは詳しくはわからない。しかし近辺の約一〇〇ヵ村について潰・半潰家の数や死者数の記録が残されている。鰺ヶ沢・深浦以外の村々では数軒の被害の所が殆んどである。被災地全体で潰家一五四、半潰二六一、大破四三、土蔵潰九、同破損一一七、死一二、船の被害二二である。

余震は連日あった。とくに翌年一月七日の余震では紺屋町（弘前だろう）で酒蔵が割れ、その他にも潰があった。

明和三年の津軽の地震

明和三年一月二八日（一七六六年三月八日）の津軽の地震は弘前・青森を含む津軽半島一帯で激

しかった。太陽暦の三月八日の夕方六時ころに地震がおきた。まだ積雪が残り、雪の中での地震であった。『工藤家記』によると、そのありさまは次のようである。

今日天気和らぎ元来雪厚く時分柄余寒に候へとも所々森林に霞厚くかかり一入《ひとしお》春めきたる事と存候。然る所六ツ時否や乾の方より鳴動、其響き百千の雷の如く大地動揺して暫く不止。天色黒く黄にして雲掩いかかり朦々《もうもう》として風なく、殊に甚だ火急の事にて遁れ出候間もなく怪我にて死傷の者夥敷《おびただしく》、戸毎に老少の女童とも悲傷号泣の喧しく、其外鶏犬猫の類迄東西にかけ走り、鳴うめく声凄《すさま》し。其内に潰家より出火にて四方に火の手上り誠に騒動いはん方なし。去共震動止事なく、既に暁迄二拾度余に至、人々肝を冷し候事なり。御

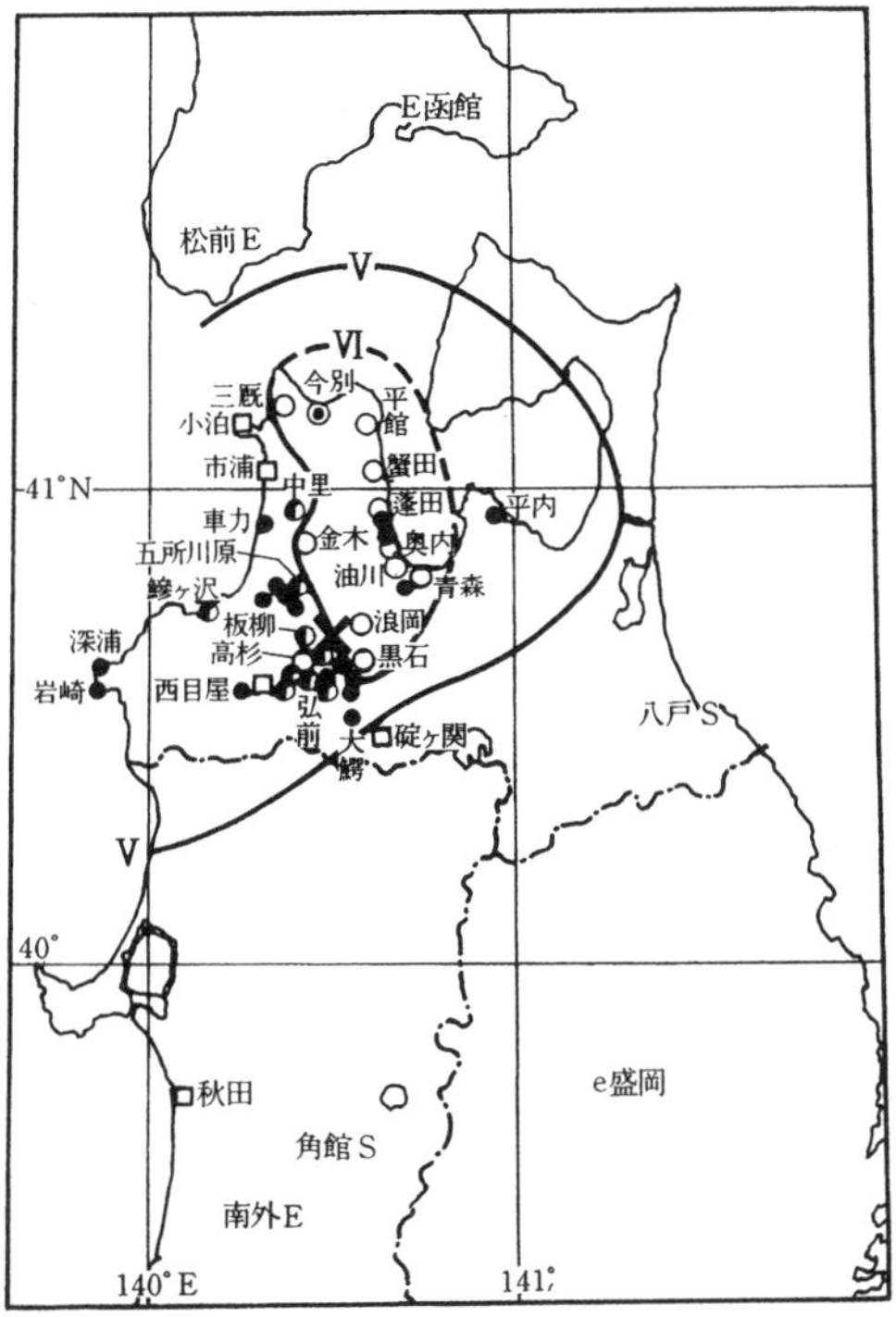

図 21　明和３年津軽地震の被害地域（『日本被害地震総覧 599-2012』による）

家中は門内囲の内、町家は街道の左右へ家々より各戸板畳等を持出し、老年幼稚の者を夜具等にて囲置き、兎角して夜を明かし、火鉢或は雪の上に火を焚、やうやう朝飯など給候て、それより銘々仮屋をしつらい住居せしこと既に四五日に至り候。尤雪消次第春風の度には仮屋をも幾度か掛直し住居せしなり。（中略）二月八日大地震拾度二拾度ツツ震ヒ候得共今日は別而強く、立木も地へ附く如く其ひゞき雷鳴にひとし、誠に廿八日以来也。此日先頃の破壊残り或ハ危を免し候在町家々再び破損大壊に及ぶ。

この記事は弘前の事で（中略）の所には被害の総計が記されている。地震の凄まじさを簡潔な文章で余ます所なく伝えている。地震の激しさ、その後の仮屋、食事の苦労のようすもわかるが、大切なことは二月八日の余震で破損あるいは壊れた家があったことである。弘前では城の櫓《やぐら》・門などの破損一二ヵ所、領内で潰堂社二七、潰寺三三、潰家六九四〇、焼失寺四〇、焼失家二五三、土蔵の潰・焼失二六七、死一〇二七、焼死三〇八、傷一五三という大被害をこうむった。

別の日記をみても、ようすは似ている。『平山日記』によると

地震は西北ヨリ夥敷鳴リ来リ

といい、『工藤家記』の乾の方向と一致している。

直クニゆり出て常ノ地震ト違至而火急ニ而例へハ馬ノ身ふるい之様ニ候間　家ヨリ逃出候間も無之候　外ニ而諸方見渡候処　所々之火事天ニ満ツ夥敷事ナリ

ともいっている。直下型地震の典型である。激しいゆれが突如として始まったことを記している。そのうえ火災である。寒い冬の夜のことであり、その凄まじさは想像を絶するもののようである。さらにつづいて

此地震ニ付所々地割青砂ゆり出て田地畑方も多捨り場所も有之候　亦地之割目へゆり込シ子供抔《など》モ有之候風聞致候

とある。液状化現象がみられ、割れ目に子供が落ちたという。昭和二三年（一九四八）の福井地震のときには田圃《たんぼ》で働いていた女性が地の割れ目に落ちて死んだ例がある。また、地変や崖くずれなどが見られたようで、所によっては沼が浅くなったり、高田も低くなったという。とくに温湯が熱湯になったという。この温湯とは温泉の地名であろうか？

面白い話がある。青森市では常光・蓮心・蓮華・安光の四ヵ寺の本堂・庫裡《くり》が崩壊したのに、正覚寺本堂は無事であった。この本堂は寛永の建立以来明治に火災に会うまで約二五〇年間傾くこともなかったという。この寺の本堂の根引は、これみよがしの大材を使い、基礎を重くしてあったという。それに比して部屋などの上部は軽い材を使い、結束には釘をすてて、縄からげしてあったとのことである。倒壊した寺々では、基礎が小さく、上部架構に大材をつかい、結局、部屋が重くなっている。こういう違いが倒壊するしないの分かれ目になったのではないかというのである。青森の三月上旬、積雪はまだ屋根に高く残っていたであろう。その重みと震動のはげしさが重なって多くの被害を出し

たものと思われる。

上述の話は、建物は各部の強さがバランスよく配置されていること、屋根の軽いこと、基礎がしっかりしていることなどが耐震上有効であるという。現代の工学的考え方にかなったものである。

この地震について、もう一つ、付け加えておく。それは余震が非常に多く、約一年もつづいたことであり、その史料がよく残り、余震数の減り方を示す式――

$$n(t)=A/(t+c)^P$$

の定数Pを求めることが出来たことである。この場合二月八日の大余震に伴う余震も発生し、その前後でPの値が〇・九四及び一・一四と求められた。この値は、最近の地震のときに求められるものと同等で、当時の余震の記録が信頼のおけるものであることを意味している。

宝永元年の津軽の地震

宝永元年四月二四日（一七〇四年五月二七日）の津軽の地震は、深浦から能代にかけての海岸に被害が集中した。太陽暦の五月二七日に当たり、東北も稲の苗が生育している時であった。田植えの準備も進んでいた。そのために苗代の被害、地変による水路や堰《せき》の破損、田に水が入らなくなった等の被害が多い。こういう田畑の被害は、一つ一つをとれば小さいものであっても、集計すると大へんなものになる。最近の地震対策は都市に集中しているように見うけられるけれども、田畑・山林の防災対策は十分なのだろうか。

被害の大きかったのは能代である。戸数一四〇〇～一五〇〇戸のうち、潰四三五、焼失七五八に達し、土蔵も潰五五、焼失六一というありさま。寺は潰四、焼失七、死者五八ということであった。地震後、野代とよんでいた地名は「野に代」と読むので、たびたび（一〇年前の元禄七年にも大地震があった）の変災を蒙るのももっともだということになり改名を願い出た。野代は港として日本中と交通のある所でもあり、ぜひ改めたいと、町民こぞっての願いにより、能代とすることになった。ついでに町内のあら町も万町に改めたいと願い出て認められたとのことである。

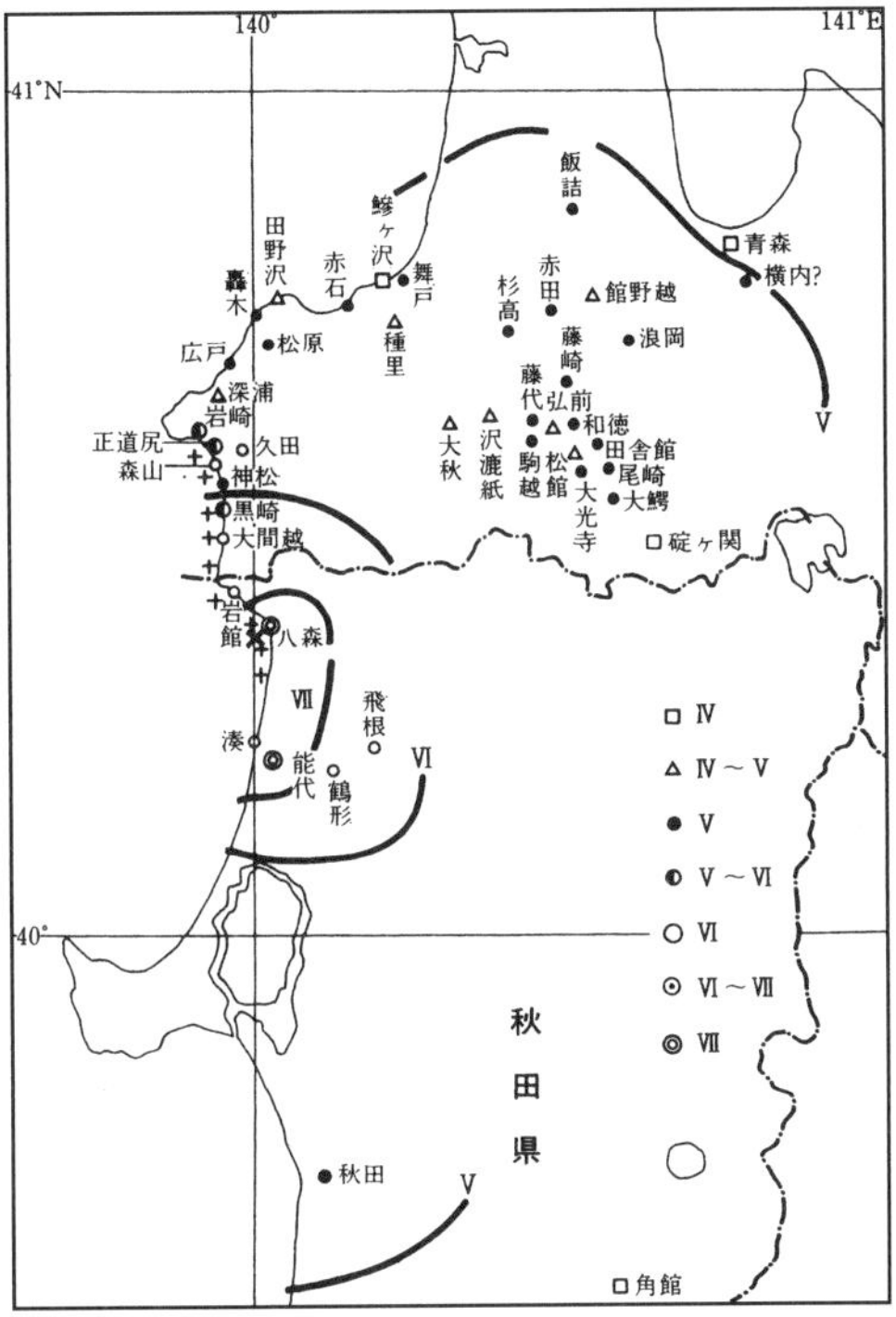

図22　宝永元年津軽地震の震度分布（『日本被害地震総覧599-2012』による）

さて、この日は

空は碧羅《へきら》を張り、日は長閑《のどか》に、仰げば遊絲眼に遮《さえぎ》り、西風少しつよ

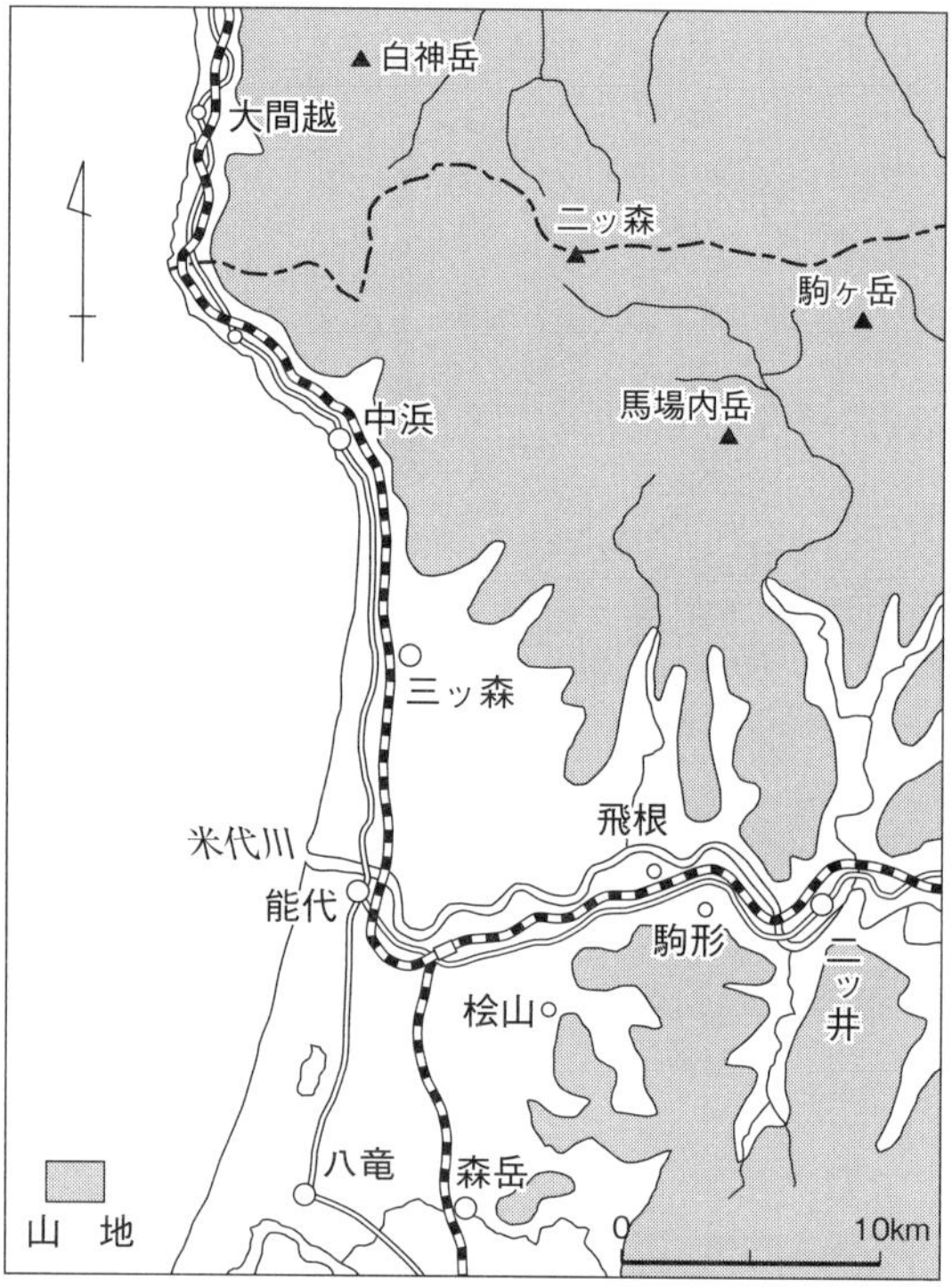

図23　能代市付近図

かりしと。逐時和ぎ暖に
成て給着る向も多かり。
鰯《いわし》ありとて押合我先と浜
へ行者も有し。

という暖かな好い日であった。あるいはイワシが異常にとれたとも解釈できる。そこに大地震があった。ちょうど昼時である。ある人は

表に出かけるが、ゆり倒
れて閾《しきい》にて額少しく疵《こぶ》付
ぬれど家潰れざれば起上
り、

というありさまで、いかに激しいゆれだったかがわかる。これは能代の記録である。幸いその人の家はゆれても潰れなかった。火も見えないので安心していたが、前に難を免れた（元禄七年の地震で能代で焼失七一九、震崩三五〇、死三〇〇という被害があった）寺院畑町、富町、博労町、清介町、荒町に

も火の手がみえたという。こうして能代では一〇年間に二度の大地震にあい、しかも大火を生じ、約七五〇軒ずつの家を焼いたのであった。

能代市付近は平野がひらけ、田畑の被害が目だったが、北の方、青森県との境付近は海岸に山が迫って平地の少ない所である。海岸ばかりでなく、内陸でも山地では山崩れがあり、川を塞《ふさ》いだりした。また、海岸では次のような土地の隆起がみられた。

・黒磯村大間越　海磯から七〇〜一〇〇間くらい沖に、以前になかった岩が数ヵ所出現した。海岸で測ってみると一・五〜二尺くらい隆起した。

・能代から岩館村の間　海上潮が二町ほど引き、今だに差引きはない。

・大間越　潮の干満が例年は陸から一〇間くらい潮の差引きがあったが、地震のため隆起し、一町くらい潮の差引きが認められるようになった。しかし五月四日から潮込みするように見られる。（これは、多少の沈下がはじまったという意味かも知れない）

・深浦の海浅くなる。この海岸の隆起は今村明恒博士によって詳しく調査された。それによると、岩館付近で最大の一九〇センチメートルに達し、そこから北および南に行くにつれて隆起量が減少している。

なお、弘前でも家屋破損、天水の水がこぼれる程度の被害があった。

元禄七年の地震

元禄七年五月二七日（一六九四年六月一九日）の地震は能代から東、二つ井付近まで、南は八郎潟北辺までの径約二〇キロメートルの狭い範囲内で震度Ⅵという直下型地震であった。これについては能代における次のエピソードを紹介するに止める。

中にも哀なりしは、丸尾某がむすこ十四五歳ばかり成しに、父は国許へ上り、母と二人居しに、跡先に逃出けるが、母は梁《はり》に打れ出兼しにより、何とぞ取出さんとしけれども手に叶はず、身もたへけると見て近所の者も力を添へしに、間もなく火懸り、是非なく立去れと母も共に言けれども、独り生て何かせんと、母が居りける所へすり入、共に焼死けり。亦、相沢氏の妹十五六歳成りしに梁に押れ出もやらず有ける。大勢集り手をくだき、兎や角しける内火懸りぬ。此乳母なりし五十有余の老女歎き悲み、其側へすべり入、共にやけ果ぬ。

鋸《のこぎり》など用意してあれば梁などを切って、下敷きになっていた人を助けることが出来たであろう。こういうエピソードから地震に対する心構えや教訓を引き出すのは我々のつとめである。

東北地方日本海側の地震は明治に入って、陸羽地震・庄内地震・秋田仙北地震など、やや内陸よりの地震が発生した。東北地方日本海側の地震は直下型の地震の典型的なものが多く、そういう意味では際立った特徴は見られないが、共通するものとして、地変が目だつことがあげられる。とくに日本海沿岸における土地の隆起は著しい現象である。

また、一七五〇年以来約二〇〇年の間に、東北地方の日本海側は少くとも一度は大地震にみまわれている。昭和に入ると、男鹿地震（一九六四年）・新潟地震（一九六四年）・日本海中部地震（一九八三年）などがあり、はっきりとはわからないが、東北地方日本海岸の地震活動はまだつづいているといえそうである。

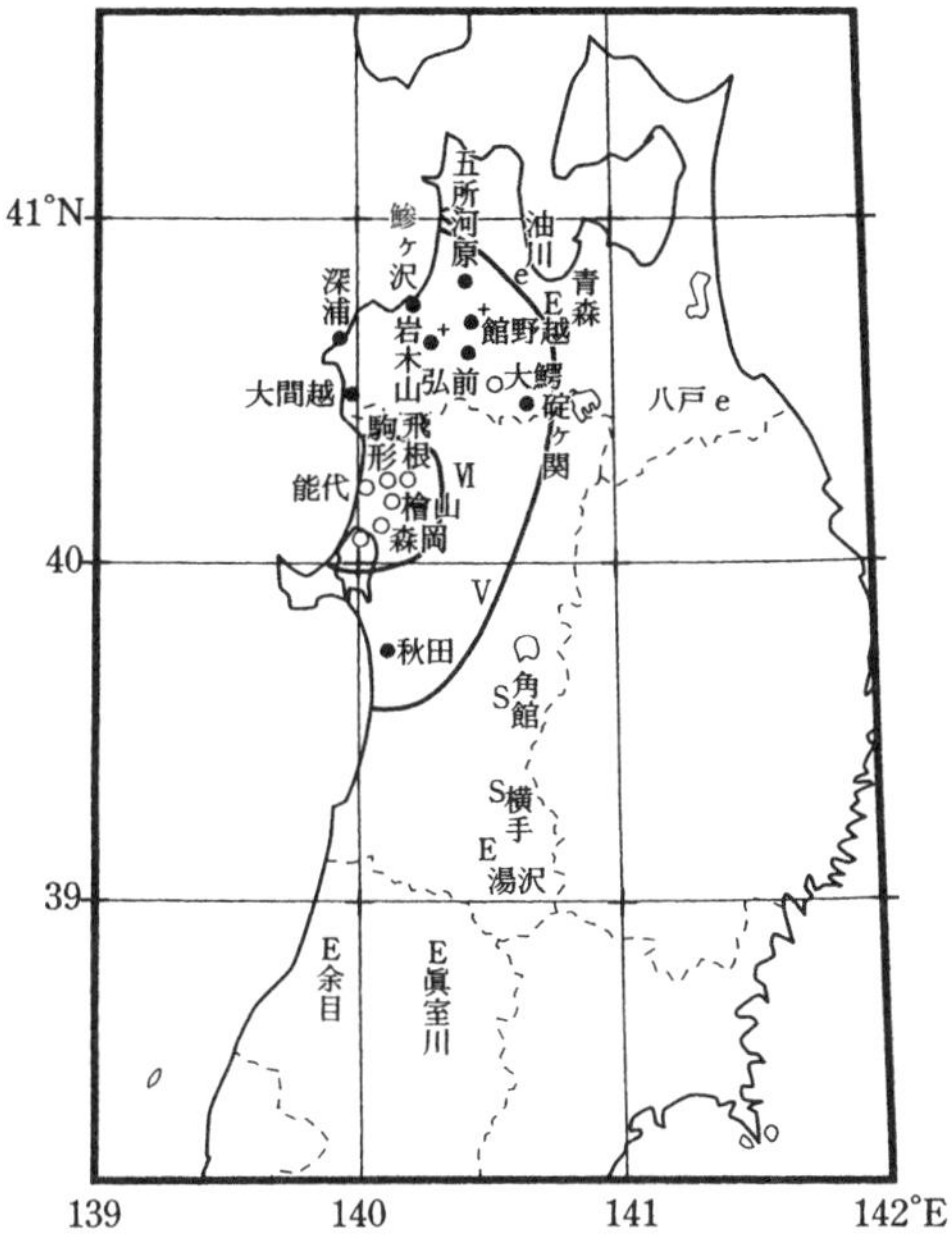

図 24　元禄 7 年能代地震の震度分布（『日本被害地震総覧 599-2012』による）

もっと古く遡《さかのぼ》ると、西暦八三〇〜八五七年の間に大地震が三回もあり、そのころは地震の活動期であったらしい。しかし、その後は地震の記録は少く、僅かに一四二三年、一六四四年に小地震があっただけで、元禄七年の地震以降の活動期に入る。

このように、古い地震の調査に際しては個々の地震を詳しくしらべることも大切だが、長い期間にわたって全体的に整理・把握して、地震活

表4　被害のようす

地名	死	傷	死馬	家屋			土蔵		
				震崩	焼失	破損	震崩	焼失	破損
能代	300		2	350	719	53	26	136	
森岡	21		10	57	47				
檜山				42					
駒形	6			8	70		1		
飛根	15	100		106			2		
その他	52	98	1	684	23	394	15		15
計	394	198	13	1,273	859	447	44	136	15

動の変化を知ることも重要である。こういう努力は、長期的な意味での地震予知にもつながるもので、地震対策をたてる上にも必要欠くべからざるものである。

7　羽前・羽後の地震

文化七年の地震

東北地方の日本海側には時々、直下型の被害地震が発生する。第六章でのべた地震も含めて、江戸時代以後の主なものだけでも次のように多い。

元禄七年五月二七日（一六九四年六月一九日）の能代地震（規模七・〇）
宝永元年四月二四日（一七〇四年五月二七日）の能代・岩館の地震（規模七・〇）
明和三年一月二八日（一七六六年三月八日）の津軽地震（規模七・二五）
寛政四年一二月二八日（一七九三年二月八日）の鰺ケ沢地震（規模七・〇）
文化元年六月四日（一八〇四年七月一〇日）の象潟地震（規模七・〇）
文化七年八月二七日（一八一〇年九月二五日）の男鹿半島地震（規模六・五）
天保四年一〇月二六日（一八三三年一二月七日）の庄内地震（規模七・五）

明治に入ってからも、明治二七年一〇月二二日の庄内地震（規模七・〇）、同二九年八月三一日の陸羽地震（規模七・二）、大正三年三月一五日の秋田仙北地震（規模七・一）、昭和一四年五月一日の男鹿地震（規模六・八）、同四五年一〇月一六日の栗駒付近の地震（規模六・二）と、かなりの被害地震がつづいて発生している。

ここでは、このうち山形県から秋田県中部にかけての一八〇四、一八一〇、一八三三年の三つの地震をとり上げる。

文化七年八月二七日（一八一〇年九月二五日）の地震は菅江真澄の『遊覧記』に詳しく記されている。真澄は江戸中期の国学者で多くの紀行文を残した。これによると、地震の一〇日ほど前から前震があったし、二五日は

寒風山はうす霧たちこみたるように見ゆ、いわゆる巨濤の寄り来ん、あやふし、

という感じの天候であった。二六日は

空のうちくもりて、こころならず。四方は、れいの鬼節の鳴るてふことに仄に鳴りとよめきぬればいよいよ大濤の寄り来ん。

と、さし迫った雰囲気となり、翌二七日に

地震の大に動りにふりて軒庇《のきひさし》かたむき、人々外に逃まどい泣叫び、とまどう老人の手をとり、市籠の乳子を逆にかかえ……

という狼狽ぶりであった。

この地震には前兆現象がいろいろ現れた。真澄によると、五月ころから男鹿の地に鳴動があった。

その後、鳴動がいったんは収ったかどうかは、はっきりしない。しかし八月に入ると八郎潟（現在は干拓になっているが、海につながる潟であった）の水の色が変わり、赤くなったり、黒くなったり、ときには澄んだりというように、色が変化した。漁師は不思議に思っていたし、その頃にボラが多く死んだという。この湖にはさまざまな魚が棲んでいるけれども、ボラ以外の魚は死ななかったという。二四日の暮ごろから西北の方が光り海上の雲に映って物凄いようすであったが、別に稲光りというわけでもなかった。今でいう発光現象であろう。こうして地震の当日になると、またしても不思議な経験があった。八郎潟に出て漁をしていた漁師は何となくイライラを感じ、地震でも来るのではないかと思い、急いで舟を漕いで陸につけようと骨を折ったが、一向に舟は進まない。何となく水

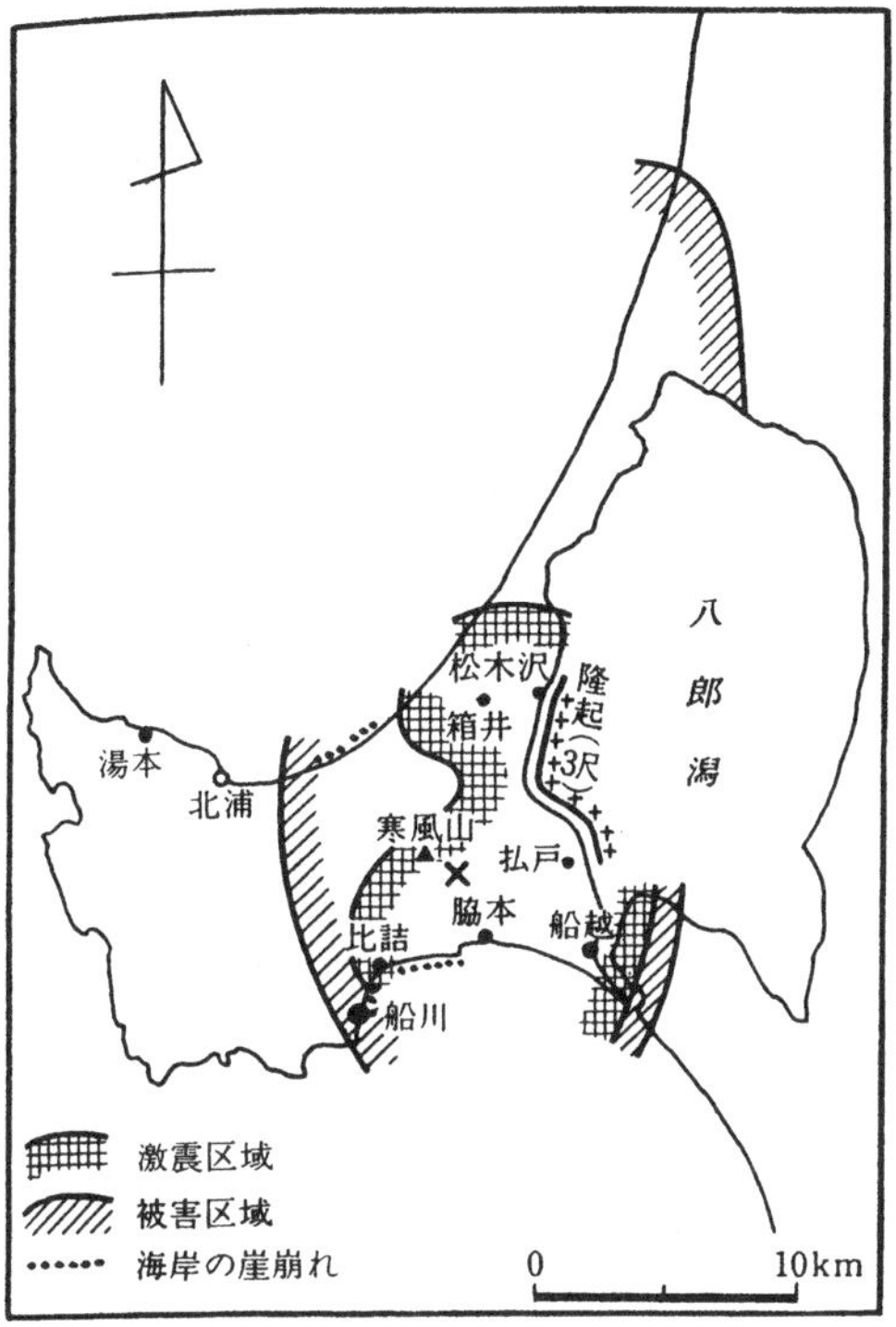

図 25　文化７年男鹿半島地震の被害地域（『日本被害地震総覧 599-2012』による）

が重くなった感じで、思うようにならなかったという。現代科学の立場から考えて、この現象をどう理解したらよいのであろうか。一寸解釈に苦しむところである。

こうして同日の昼少し前に強震、ついで午後一時ごろ大地震となったのである。そのゆれの激しさは他の直下型地震と同様で、たとえば

一時に地衝り上り候様にて至って強く、立退く候間もなく村家ひしひしと潰《つぶ》れ候て変死怪我人少からず。其内には幸に梁或鴨居《かもい》等に押され不申者は屋根を穿《うが》ち出て候者も有之外より掘出され命助かり候者も有之由。右地震の節山野に居り候者一時に転び倒れ山々鳴り渉り欠潰れ樹木打合候様子恐しく可申様も無之村家は将棋倒しにひしひしと潰れ塵埃《ちりほこり》立上り火事の様に見え候由。

というありさま、急激につよい震動におそわれたようすがよくわかる。

こんなわけで被害は男鹿半島の寒風山を中心に多発した。文書によると、全潰は寺を含めて一〇一八、半潰四〇〇、大破三八七、焼失五、死五七人、傷一一六人という。

各地で地下水の湧出が減り、地変が見られた。八郎潟の西岸一帯では湖岸が約一メートル隆起した。男鹿半島の海岸は崖が海に迫っている所が多い。こういう所で至る所に崖崩れがあった。長い所は海岸に沿って四キロメートルも崖崩れがつづいていたし、また或る所では崩れた岩が海上へ五〇〇メートルもつき出したということである。

実は昭和一四年（一九三九）五月一日の地震も、ほぼ同じ所に発生したものであった。この時には

八郎潟の西北岸は沈降し、男鹿半島の西北が隆起した。その量も最大で三〇センチメートルくらいであった。この変動は文化七年のときとはちょうど逆になっている。また被害のようすをみても湖西地方に最大であった。そのうえ海岸に崖崩れが発生するなど、さまざまな点で両者は似通っている。さらにである、地震の前日から付近の海で蛸の上陸あるいは鱒の漁獲量の倍増といった魚族の異常が見られたというのも、文化七年の地震と比較して興味あることである。

また、地震の約三時間前に男鹿半島西海岸の戸賀では海水が大いに退き、垂直にして約三メートルに相当するほどであったという。こういう地震前の海水の干退、いいかえれば陸の隆起は日本海沿岸の地震でよく報告される。たとえば第六章にのべたとおり寛政四年（一七九二）の鰺ケ沢地震では、深浦・鰺ケ沢で朝から潮が干いたという。地震は午後二時ころであった。また、享和二年（一八〇二）の佐渡の小木地震は一一月一五日の巳《み》刻と未《ひつじ》刻にあったが、未刻の数時間前に小木の海岸が隆起し、干潟が現れた。明治五年二月六日の島根県浜田地震では、地震の五〜一〇分前に海水が引いた。日本海沿岸でこういう現象がよく観測されるのは、同沿岸では潮の干満の差が一〇〜二〇センチメートルと小さいため、土地の隆起が数十センチメートルにも達すれば、十分よく沿岸の人々に認められる状況にあるからであろう。こういう現象は地震の直前予知に役立つと思われる。

象潟地震

元禄二年三月二七日に芭蕉は奥の細道の旅に出立した。平泉・山寺をへて象潟《きさがた》についたのは六月一六日、初夏の候であった。その翌日

天能く霽《は》れて朝日花やかにさし出づる程に象潟に舟を浮ぶ。先づ能因島に舟をよせて……寺を干満珠寺といふ……此の寺の方丈に座して簾《すだれ》を捲けば　風景一眼の中に尽きて　南に鳥海天をささへ　其の陰映りて江にあり西はむやむやの関路をかぎり、東に堤を築きて秋田にかよう道遥かに海北にかまへて浪打ち入るる所を汐越と云ふ江の縦横一里ばかり　俤《おもかげ》松嶋にかよひて又異なり松嶋は笑ふが如く　象潟は怨むがごとし　寂しさに悲しみを加えて地勢魂をなやますに似たり。

象潟や雨に西施《せいし》が合歓《ねむ》の花

汐越や鶴脛ぬれて海涼し

この文からみられるとおり、当時の象潟は一里四方くらいの湖で海につながっていた。その中に大小多数の島が散在し、風光明媚《めいび》な地であった。蚶満寺には舟で行く。湖は浅く、汐越付近では、芭蕉の文からもうかがえるように、水深は一メートル以下だったと推定される。

この地に芭蕉の訪問から約一二〇年後に、いわゆる象潟地震が発生した。この地震によって象潟付近は一メートル余り隆起して乾陸あるいは沼となってしまった。現在、象潟の駅は旧の潟の一端に位置し、昔の潟は田圃《たんぼ》となり、その中にかつての大小の島々が、こんもりした丘となって残っている。

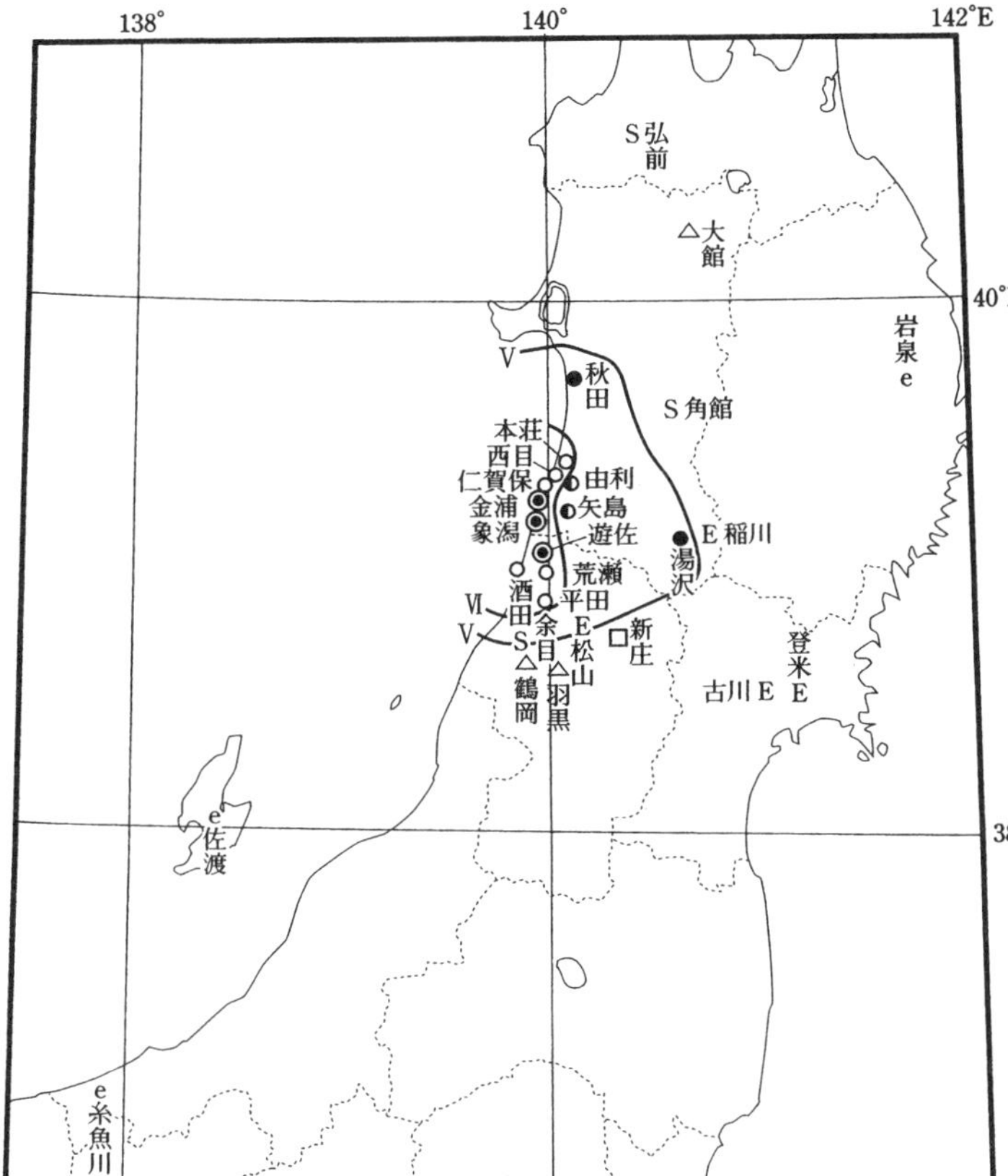

図 26　文化元年象潟地震の被害地域（『日本被害地震総覧 599-2012』による）

もちろん蚶満寺には歩いて行ける。その裏庭には昔の舟着き場の跡も残っている。ここは、かつて大地震があったことなどは考えられないような、静かな落ちついた町である。

地震は六月四日午後一〇時ごろにあった。被害は現在の秋田・山形両県県境をまたいで、海岸に沿う南北七〇キロメートルの地域で大きかった。北は本荘から南は酒田・鶴岡にまで及んだのである。

五月下旬から鳴動があったらしい。海岸から少し内に入った小滝・長岡という所では、地震の前に井戸水が減少したり、濁ったり、赤くなったりした。死者は全体で三一三人、家屋全潰は約五四〇〇に近い大被害であった。

酒田城下では潰家約三八〇、付近では三メートルも大地が陥没したり、土地が割れて泥を吹き上げたり、あるいは泥海となった所もあった。これだけの記録ではどうもはっきりしないが、新潟地震のときのような液状化現象もあったのではないかと考えられる。また、酒田から北の塩越までは津波が打ち上げたという。そのようすは必ずしもはっきりしないが、酒田では津波のために、深さ一メートルくらいの洪水になったということである。

さて、象潟は隆起したと前にのべたが、古記録によると、そう簡単なことではなかったらしい。

塩越……家数五百　蔵家　悉《ことごとく》　皆頽る　死するもの弐百七拾人　頭を打れ腰をそこね手足をくぢき悩もの四百余人　此内半分は死すべしと云　馬五拾疋壱疋も不残死す地割て泥水湧揚り　町中泥の海の如し　日々震ふ事夥《おびただ》し　故に山に登りて是を遠さく此辺在々宿々人民壱人も家に居者

なし　此処の潟と云　爰ニ満珠と云大寺有り土中に沈む　少し屋ねのミ見ゆるなり　象潟は八十八潟九十九島有る所なるに高キハ沈ミ卑《ひく》キハ浮ミ悉皆平地と成る　同所南之方大師崎平沢迄凡二三里之間ダ　浜辺五六十間通り砂を押上げ山となる　たまさか少し押上げたる所ハ　是迄千尋海も弐尺四五寸の浅瀬と成る　折ふし大船小船着岸之分行衛不知遁たるも有　砂ニ埋ミて不動も有　誠に象潟は与ニ名高キ名所とて　西行も

松嶋の小嶋の景ハ景ならで　たゞ象潟の秋の夕ぐれ

かように詠ぜし所も一震ニ荒果て茫々たる原となるこそ憎むべし

という記録が残っている。潟が沼や乾陸になったのであるから、全体として土地が隆起したことは間違いない。いっぽう、どうも液状化現象が発生したらしい。砂や泥を吹き上げると同時に地盤の支持力も弱くなり、記録にあるように、蚶満寺が土に埋れるということになったのであろう。また、やや内陸の小滝では約一メートル沈下したというし、象潟の北六キロメートルにある金浦では一・三メートル隆起した。

この地震は余震が多く、鶴岡では六月末まで余震が間歇《かんけつ》的にあった。酒田では六月中は毎日余震があり、とくに六月五日の朝五ツ時（午前八時ころ）のものは大きく、そのため酒田で一五戸が潰れた。

天保四年の地震

天保四年（一八三三）の地震はどうだったろうか。この地震による震度Ⅴ以上の地域は北は秋田から、日本海に沿って鼠ケ関までの南北約一六〇キロメートル、東西三〇〜四〇キロメートルの地域で、象潟地震の震度Ⅴ以上の地域と似ている。震央も、象潟地震（東経一三九・九五度、北緯三九・〇五度）に比べて二〇キロメートルほど南にある（東経一三九・二五度、北緯三八・九度）。被害の大きかったのは鶴岡付近で、総家数の一割は鴨居が落ちたという。また、新発田藩、長岡藩の海岸に津波が打ちよせたり、液化現象がみられたりした。

この地震を昭和三九年（一九六四）の新潟地震と比べてみたい。新潟地震は東経一三九度一三分、北緯三八度二二分の地点が震央で、天保の地震より南にある。新潟では液状化現象が出現し、それに伴って鉄筋コンクリート造りアパートの傾倒という思いがけない被害があった。昭和石油タンクの火災があったりして一般には新潟の被害が最大であるように思われている。しかし、実際にはその北の村上市で震度がⅥであり、その付近で津波の高さは最高で四メートルをこえた。そのうえ山形県の鶴岡・酒田でも住家全壊が多かった。つまり、一般に信じられているより北の方に大被害があった。どうして、こういうことになったのだろうか。地震のすぐあとに新潟の被害が報告され、新潟地震という名前がつけられたが、その後、調査が進むにつれて、村上市や山形県で被害率の大きいことがわかってきたのである。これと同じように誤解をうけやすい地震に、一九六八年の十勝沖地震がある。こ

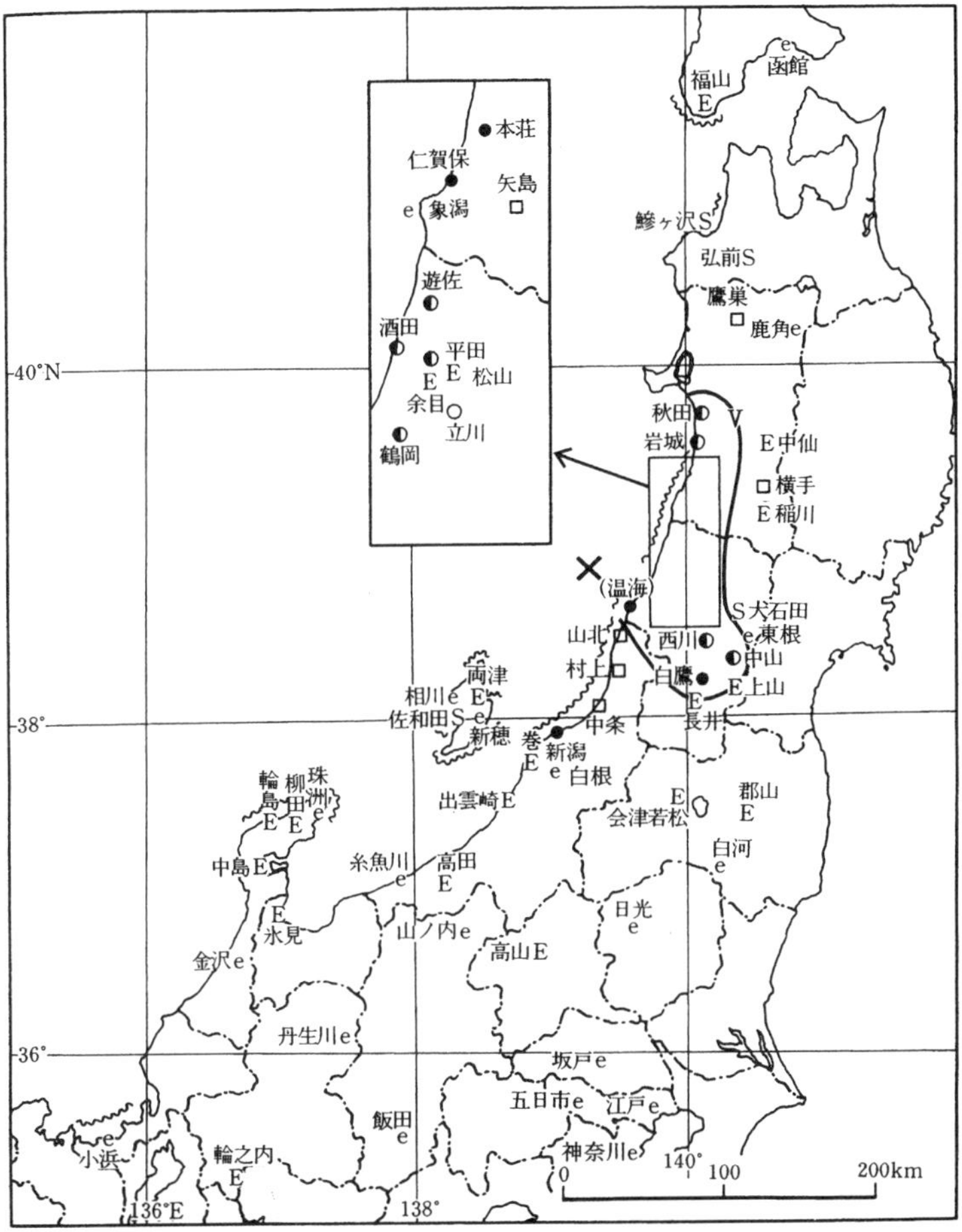

図 27　天保 4 年庄内地震の震央地域および津波襲来地域（『日本被害地震総覧 599-2012』による）

れは震源地が気象庁で決めている十勝沖という海域に入っているので十勝沖地震と命名されたが、実際の被害は青森県に大きかった。

さて、新潟地震と天保の地震を比べると、被害の分布が似ている。この二つの地震は震源地こそ多少離れているが、同系統の地震ではないかと考えられる。いずれも、震源地に一番近い海岸でもっとも被害が大きかった。

天保の地震は北は青森県、南は佐渡に至る広い震域をもつ地震で津波もあった。佐渡では強い地震があり余震がつづいた。そのうちに相川の海岸で二〜三町も急に潮が干いたので、津波がくると人々が山や高地に逃げた。そのあとに津波がおしよせて来たという。青森県の鰺ケ沢は震源から二〇〇キロメートルも離れているのに海水が五〜六町も干いたので山に逃げたというし、北海道の福山では津波の高さ一・三メートルに達し、函館では港内の二〇町くらいの間で潮が干いたので子供達が出て魚介を拾っていたところ潮が満ちて道路にまで押し上げたという。

もう一つ、鶴岡における津波のようすをみてみよう。

> 十月廿六日、在々所々にゆりたほされ、海辺大津波して津々浦々もいたみける（中略）予津波の来るは見ずといへども、海村の噺《はなし》をきくに、地震に続き波遥かに引いて汐湧きかへるが如く、沖の方より大山の崩るるにひとしく、渚の山の半腹に突き当り、人家辻へ越し、川筋逆さに水を流し、平砂も大海の沖となり、汐の水に当って砕くる恐ろしさ譬ふに物なしとぞ、汐越浜の事かと

よ磯部を通る旅人あり、津波せしとは知らず、風雨をしのび顔傾けて行けるが、道中に浮き上げられ、渚の山におし上げられ、大に驚き、幸ひ木のあるに手を掛けしかば、波は遥かに引とって実にや虎口を遁れ危く助かりしと委しく聞きけど……

この一文は津波のようすを生き生きと伝えると同時に、思いがけなくも津波に遭った人の貴重な体験が記されている。

8　越後三条の地震

流砂現象を伴う地震

昭和三九年（一九六四）六月一六日におきた新潟地震は、二週間も燃え続けた石油タンクの火災と、横倒しになった川岸町のアパートで有名になった。川岸町のアパートは倒れたが、建物それ自体には被害はなく、窓も戸も、いつも通り開閉できた。このように、鉄筋コンクリートの建物は程度の差こそあれ、傾いたものが多かった。流砂現象、あるいは液状化現象によるものである。地震動のために一時的に砂が液体のようになり、支持力を失うのである。建物の基礎杭を二〇～三〇メートルの深さに入れ、基盤にまでとどくようにしたものには、こういう被害はみられなかった。その他、木造家屋の床下から砂が噴出し、一メートルの厚さに積った所もあった。そういう所では自動車が砂に埋まってしまった。道路の至る所から砂が噴出し、すりばちを伏せたような形に積っていた。いったい、どこから、こんなに大量の砂が出てくるのだろうかと首をかしげたくなるようなありさまだった。このために木造家屋も傾いたが、鉄筋コンクリートほどに目立たなかった。これは、木造家屋ならば多少の被害はあっても驚かないが、丈夫だと思われていた鉄筋コンクリート造りが軒なみに傾いたので目立ったからであろう。鉄筋コンクリート造りはたしかに丈夫であった。傾いてもビクともしなかった。

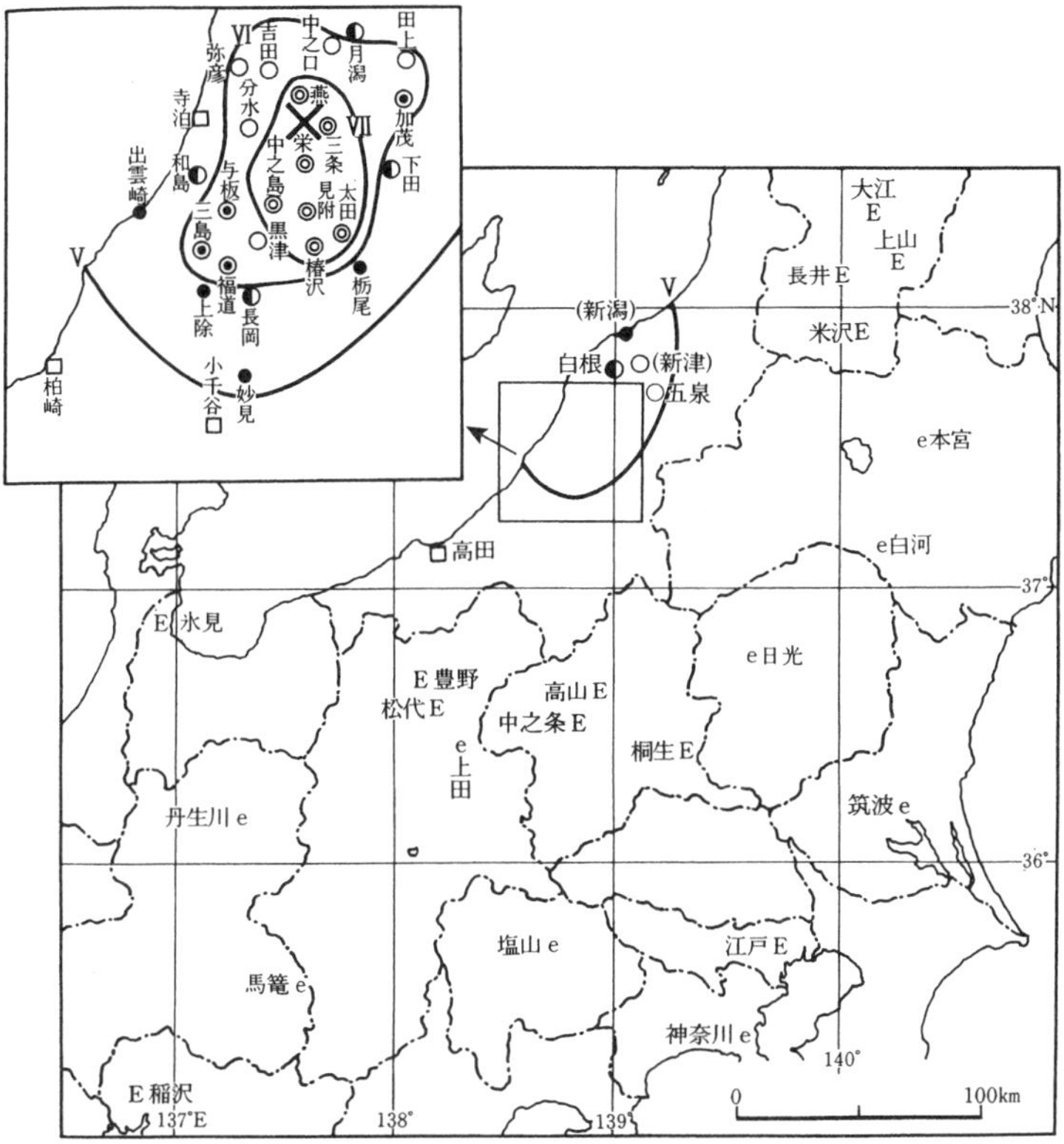

図 28　文政 11 年越後三条地震の震度分布（『日本被害地震総覧 599-2012』による）

しかし、基礎の強さはまた別の話なのである。そのへんの錯覚が、この被害を目立たせた理由であろう。

いったい、こういう液状化現象は、この地震が初めてなのだろうか。よく調べてみると、小規模な液状化現象は多い。沖積地に地震があれば、田の割目から水や砂を吹き出し、小噴丘を作る例は枚挙にいとまがない。しかし、鉄筋コンクリート造りに被害を与えたのは初めてであった。江戸時代の地震をさがすと、一つ、かなり大規模な液状化現象があったとみられる地震がある。越後三条地震である。

文政一一年一一月一二日（一八二八年一二月一八日）午前七時ころ信濃川流域の長岡・三条・燕付近に規模六・九の直下型地震が発生した。この地震の被害域は信濃川に沿う長軸の長さ二五キロメートルに及ぶ楕円形の地域で、信濃川の沖積地上にあり、いちじるしい液状化現象が現れたとみられる。三条・燕・見付・今町・与板などは殆ど全潰《ぜんかい》した。死者一六八一人、傷者二五七二人、全潰一三一四九軒、半潰三六三九軒、焼失一二〇〇軒という大きな被害であった。

地震のようす

上保内村に長泉寺という寺があった。そこの井戸水は清らかで美味であるという人々の話で、水が濁れば必ず異変があると古人からのいい伝えもあったが、この文政一一年六月ころ濁り、ふたたび一

○月の末に濁ったので、村の人々は何となく落着かず不安の中にくらしていたところ、案の定、地震があって、寺の本堂・太子堂などを破壊し、庫裡《くり》も倒れた。いっぽう、村の家々も同じように破倒し、死んだ人もあったという。

また、一一月の七〜八日ころ、つまり地震の四〜五日前から毎日、夜明け方に霧のようなものが立ち、ひどいときには七〜八歩先に立っている人も見えないくらいであったという。また、空が晴れているときには、太陽のまわりに五色の虹のようなものが見え、暖かく、高い山にも雪はなく、万木は芽を出し、ツツジが咲き、ワサビが市場で売られ、人々は暖かくて楽だと悦んでいた。地震の前日には風雨がはげしく、翌日の朝になってもまだかなりの風雨が残っていた。まさに、その時に地震が発生したのであった。

地震のようすは

始め西南より風立ちて砂ほこり真黒に煙り立ち来る其の勢ひ、大波の衝くが如くうね立ちて地をゆり立て東方へすぎ行けり。其筋に立てるもの樹木は地を薙《な》ぐにひとしく、行人は皆振り倒され、又地の裂けたる口に転び落つるもあり……又直木新田権八といふもの、其里近き江溝の中に雑魚すくひてある折から此難に遇《あ》ひ、江の中にふり倒され、頓《とみ》には立ちかねて岸にとりつきはひあがらんとせしに、目前なる田畠大波の押しゆく如く撼《ゆれ》たて、庄瀬村のかたへすぐ、しばしがほど彼の里現はれかくれつして見えけり。

という。すごい振動であった。また

門（高一丈三尺、地の間八尺）あり、左右の本柱にならびて扣柱《ひかえ》といふもの立てけるが、石にて根継ぎして、深さ三尺程土中に埋めおきしを突きあげたれば、左右の塀をはなれ戸さし転ばされ、五七間ばかり隔りて逆にたてり。

という。つまり門が一〇メートルほどとばされて逆立ちしたというのである。上下方向の加速度は重力加速度以上に達したことがわかる。

源兵衛と勘兵衛の二人が鴨ケ池村を過ぎ、縄手道にかかる時にこの地震にあった。

後へころばさるを起きんとすれば又前へ倒さる。其のかわきたる田面をゆすること波濤に似て、所々ごみ砂をとばすこと煙の如く、またたく間に一滴の水なき田面を泥水あぜの半をひたせり。翌日、其辺にゆきて見るに水はなく、所々に地の破裂せるを見たり。きのふ見し所は何れも皆地を押破りし時の業なるべし。

というありさまである。これは液状化現象が田に発生したときの実見談としても貴重な記録である。

地割れ、材木青泥噴出

さらに液状化現象の例を見ることにしよう。荻島新田入野という畠地では、地震のときに、長さ八〜九尺、周囲四〜五尺くらいの黒っぽい埋れ木がゆり出され、曾根新田の砂川原という所でも周囲二尋《ひろ》余、長さ八〜九間の大木を地下からゆり出した。また、横場の新田忠治左衛門の屋敷の竹ヤブの中の地裂から黒い砂の混った水が高さ五〜六尺に吹き上げ、その水が近所の家に入っていったので、人々は逃げ出したという話もある。こんな話もある。脇川新田の幸蔵という者の家の前に深さ約三間の井戸があった。ふだん下男下女が水を汲むと、そのあとは汲み桶を井戸におろし、それにつけてある綱のはしを井戸枠に結びつけておく習慣であった。地震のとき、この汲み桶が、井戸の中に人がいて投げ上げたように、井戸枠の上三〜四尺の高さにとび上って、落ちるや否や井戸水が湧き上り、枠を越え、そのために汲み桶も流れ出し、綱の長さ一杯にのびきるまで流れ出した。主人の幸蔵が、翌朝、井戸の所に行ってみると、湧き出した白砂があたりに一杯で、井戸をのぞくと、水位はもと通りになっている。石を投げこんでみると、水底までの深さは地震前より深くなったようで、その上、水の味も前よりよくなったということである。

見付け新田という小さな村があった。新田というから、いつの日か開拓して田にした所であろう。地盤はよくないと考えられる。地震のとき約三〇軒ほどが地中へ三尺ばかり埋まり、怪我《けが》した人一八人、死者もあったという。この記述は簡単であるが液状化現象によって家が土中に沈んだことをはっきり示している。おそらく、家が傾いたことであろう。しかし、倒れたとも潰《つぶ》れたとも書いてない。木造家屋は軽いので、液状化現象にあっても倒れることは少ないのではなかろうか。貴重な記録である。

加茂町の近くでは、地震のときにできた地割れから緑青色の砂を吹出したが、その匂いの悪いことは類をみないほどで、一度、その匂いをかいだ人は気絶したり病気になったりしたという。

妙法寺村の近くは、もともと、水田の水が沸沸とわき立ったり、土中から風の吹き出る所が多くあった。この辺を提燈《ちょうちん》をもって歩くと、提燈に火がついて燃えてしまう。はじめは、自分の不注意のせいではないかと考えていたが、いく日たっても、また誰でもそうだったので、これは狐狸《こり》の仕業ということで、夜道を歩く人も少なかった。つまり、この辺りは天然ガスが地中から吹き出す所があったのであろう。この妙法寺村の庄右衛門という百姓はいろりの隅の石臼に穴をあけて、その穴に

土中より吹出る風に真火をかざせば火となり勢ひ強く燃立てかぎりなくもゆること世人普く知る

というのであるから、この人はうまく天然ガスを利用していたのである。ところが地震後、この穴に火をつければ地震前の三倍となったという。しかし、数日後にはもとの通りにおさまったということである。

こんなわけで、激震地内のいたる所で液状化現象がみられた。それを総括して「地割れ、材木青泥噴出」と記録に表現されている。総体として田畑の埋まったという被害が多く、蒲原郡内にある新発田領でも田畑地割砂吹出場が二八一町四反（約二八一ヘクタール）もあった。また、割れ目に足をとられ逃げるに逃げられなかった人もあったという。むろん、割れ目に入って命を落した人もあった。

こういう状況であったから、山崩れ・地すべりも多かった。堀溝川という小さい川があった。水流

ゆたかで、見付町の一帯一万石余の水田をまかなっていたのであるが、地震による山崩れで六〜七ヵ所で流れをせきとめてしまった。上流は水嵩《みずかさ》が次第に高くなり、もし一斉に流出すれば下流の堀溝村の家々は押し流されてしまうだろうと、人々は不安にかられていた。しかし、地震の翌年の春まだ浅い時期に、領主が命令を下し、積っている雪をのけ、せきとめた土砂を浚ったので、憂いをとりのぞくことができた。

この地方の大小の川は地震のときに水が減った。そのとき船をこいでいた船頭は、地震とは気付かず、河の水が逆立つのであわてたという。それもしばらくの間で終わったので、船が破損するということはなかった。徳松という猟夫は、地震のときに、川の中で波が立ち上ること五〜六尺あるいは一丈に達し、岸は引き潮のように見え、数町にわたって陸になったのを見たという。液状化現象による噴水が川の中にも見られたのであろう。岸が陸になったというのは、土地の隆起か、液状化現象で噴出した砂が積ったのか、どちらかであろう。

川や井戸の変化は至る所にみられたが、一口でいうと、

凡て江河の堤欠下り、ゆり窪めて川床高ふ押出し、又池沼の類ひも岸をくぼめ水中へ砂を震出し、平地より高くなれる所もあり、山地の井筋は凡て山崩れて所々ふさがり、平地のは大かた水をゆりあげ雑喉蛙など岸にさまよへり、

という状況であった。

地震の記録に見る仏教と神道の対立

震源地に近い三条町には東本願寺の御坊があった。本堂は一五間×一二間という大きなものであったが、それが八〜九尺ほど、地震のために五回ゆり上げられ、六回目に崩れたという。この寺には平常から多くの信者が集まって僧侶の説教を聴き、念仏をとなえ、安心を願っていた。ちょうど地震のときは一〇〇〇人くらいの参詣人が早朝からつめかけていた。逃げられないものは倒れた堂につぶされ、手足をとられ、外に逃げ出したものは地割れに落ちこみ、助けを求めて泣き叫んだ。そのうちに大地の割れ口から火が燃え出し、御坊の台所辺にも移り大火となったが、だれも火を消すものもなく、諸堂が宝物とともに焼失した。参詣中の善男善女も、開山祖師の御木像とともに「生きながら火葬に相成り、木にしかれ半死半生のもの故、遁《のが》る事不叶泣きさけび居候内に、老若男女所化僧に至るまで五百余人」が命を落したのである。いっぽう、不思議なことに、三条町及びその付近にある大社小社、つまり神社は少しも地震のゆれることもなく、石燈籠《いしどうろう》はいうに及ばず、鳥居や立木にいたるまで一本も倒れなかったという。これは、つねづね僧侶が、神国に生まれながら神明を粗略にしたために天罰が下ったのである。こういうことを記した文書がある。江戸時代には、この三条地震に限らず、寺院は被害をうけたが、神社は無事であったという記録がよく見出される。実際にそうであったとすれば、寺院は瓦ぶきで屋根が重かったためと考えられる。しかし、事実は、記録とは異なり、寺院も神社も被害をうけた。このことは藩の被害報告をみればわかる。仏教と神道の対立があったのであろうか。

液状化現象を中心に、いろいろなエピソードを通して、三条地震のようすを記してきたが、もう一つ、鳥の反応について興味深い記録があるので紹介しよう。

> 地震とても地ばかりにてはなし。雲も一面に其気立候哉、たち鳥・とび・からす等まで皆々ふぬけに成り、立ちあがっては落、地に居る所の鶏も初めは鳴て立上り候得共、みなみなふぬけになり、とぼとぼして居候。鳶《とんび》・鷹《たか》とても鳴くことせずして、遠方えも不行、唯うろうろとして居候。世界中灰の降りたる如くにて、四方とも見え分らず……

飛んでいる鳥が落ちるという話は、関東大震災の体験者からも聞いたことがある。

9　善光寺地震

大山頽崩、巨河溢流

昭和四〇年（一九六五）八月三日に始まった松代群発地震は、地震学的、社会的に多くの問題を残して、平穏に戻った。当初、松代の皆神山付近に発生した地震の群は東北—西南の方向に拡大していったが、千曲川をこえて西側にひろがることは少なかった。この付近は群発地震の多い所で、明治三〇年（一八九七）一月一七日から同年一二月まで続いた高井地震は有名である。いっぽう、千曲川ぞいからその西側には非群発性の被害地震が発生する。昭和一六年（一九四一）七月一五日の長野市付近の地震は規模六・一というものであったが、直径約一〇キロメートルという小範囲に死者五人、住家全壊二九を含む被害をもたらした。この地の地震史をさかのぼると、仁和三年七月三〇日（八八七年八月二六日）信濃国の大地震がある。これについては『扶桑略記』という書に「大山頽崩、巨河溢流、六郡城盧払地漂流、牛馬男女流死成丘（信乃国）」と記してある。ただこれだけの史料があるだけで、詳しいことはわからない。しかし、この簡単な記録から、大きな山崩れがあり、その土砂が川をせきとめて震生湖をつくり、それがあふれて多くの流死者を出したことがわかる。場所としては信乃国というだけで、詳しいことはわからない。また、地震という言葉も出てこない。しかし、これは、以下に述べる善光寺地震と多くの点で似ているので、信濃北部におきた巨大地震とも考えられるが疑いもある。

地震と火災

長野市は善光寺の町である。善光寺がいつ建てられたかははっきりしないそうだが、境内から出土した瓦の中には白鳳時代―奈良時代のものもあるという。

いっぽう平安時代の中期より古い瓦はないという人もある。いろいろな説はあるが、少くとも平安時代の始めころには御堂があったらしい。善光寺では御開帳が不定期に開かれていた。御開帳のときは全国からの参詣者も多く、町の賑《にぎわ》いは大変なものだった。善光寺地震のあった弘化四年（一八四七）もちょうど御開帳の年に当たっていた。当時の立札によると

信乃善光寺如来　六万五千日回向　丁未年三月十日より四月晦日迄本堂に於て前立本尊御開帳御

印文頂戴毎日四ツ時法事修行有之

となっている。地震のあったのは三月二四日、西暦一八四七年五月八日である。長野の町にも遅い春が酣《たけなわ》という季節であった。全国からの参詣者も多く、おそらく数千人の旅客が長野市内に宿泊していたと思われる。善光寺の境内は夜になっても、おこもりをする人や参詣人で混雑し、露店も賑っていた。この日の夜五ツ～四ツ半というから、午後九時～一〇時ころ、突如として大地震が長野盆地を襲

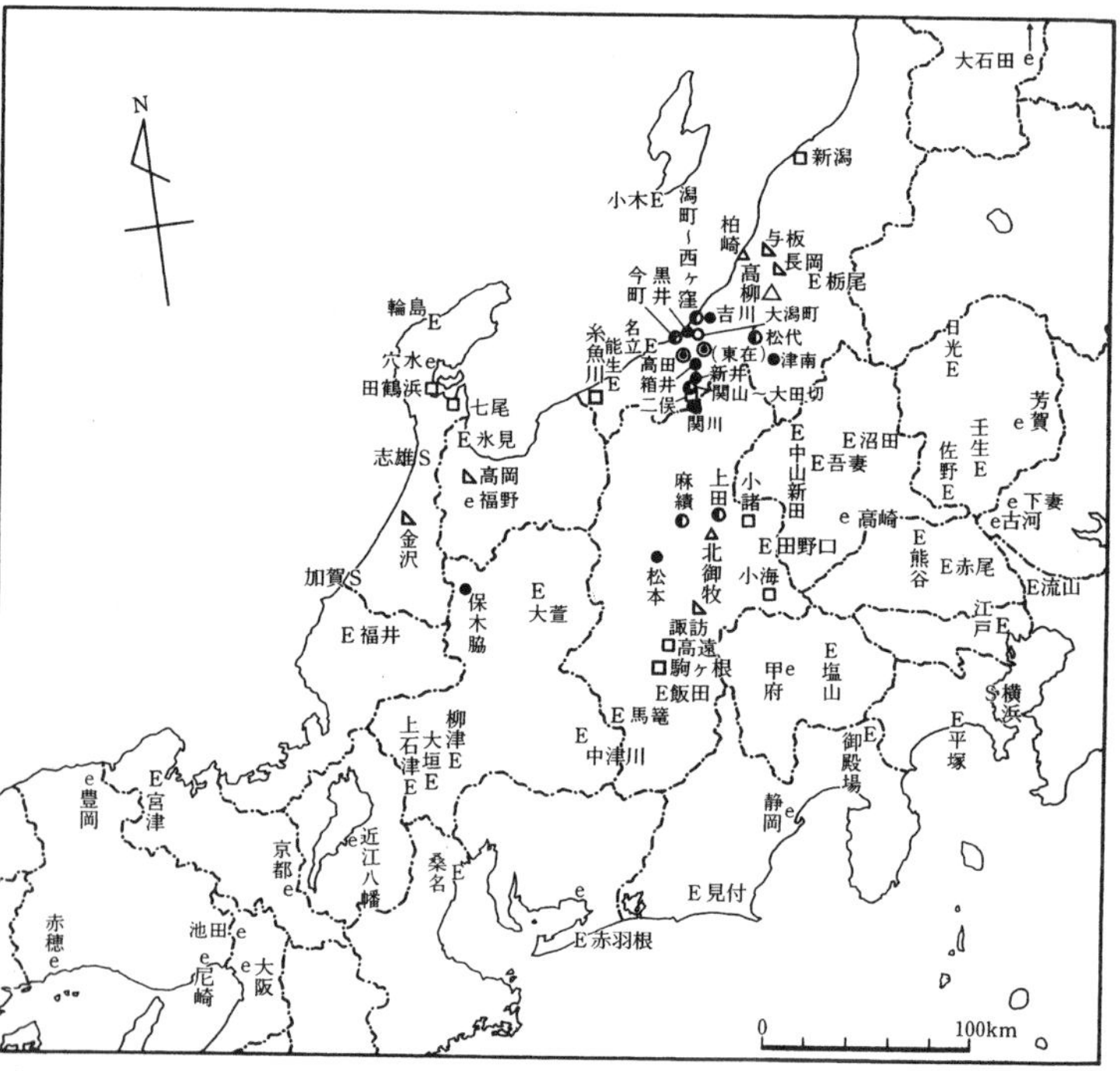

図 29-A　弘化 3 年善光寺地震の震度分布(1)（『日本被害地震総覧 599-2012』による）

ったのである。信仰と法悦の町は一瞬にして阿《あ》鼻《び》叫喚《きようかん》の町と化してしまった。この地震による被害は北の方飯山から南の篠井、東は松代、西は松本にまで及んだ。被害の総計は不明である。しかし死者は八千人余に達し、家屋の潰は二万に達すると思われる。震源地は長野市付近の東経一三八・二度、北緯三六・七度、規模は七・四と推定されている。また山崩れは四万ヵ所以上もあった。

　地震後まもなく善光寺の町に火災がおきた。火元は一三

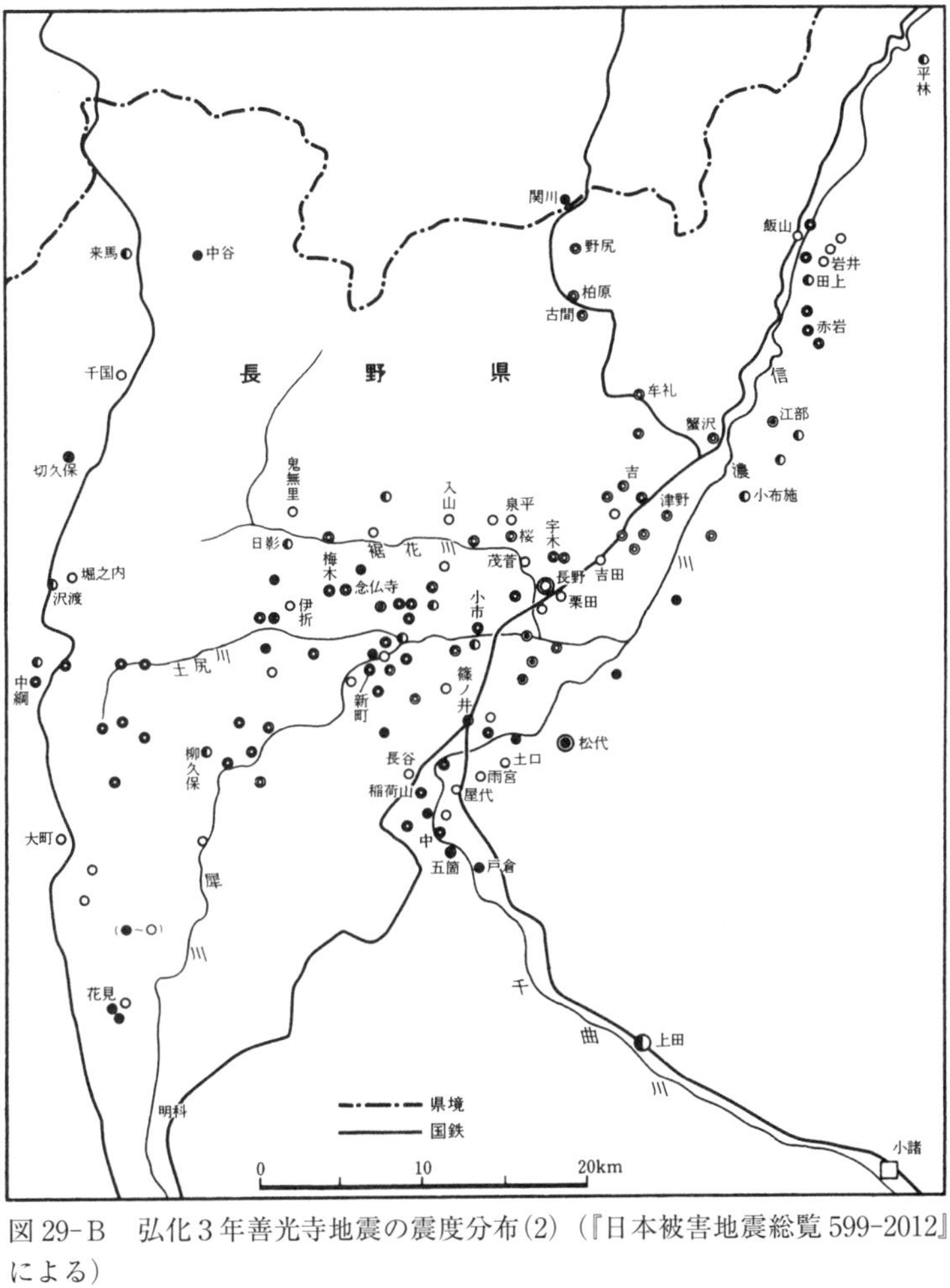

図 29-B　弘化 3 年善光寺地震の震度分布(2)(『日本被害地震総覧 599-2012』による)

ヵ所ともいわれる。風は西南の方から吹いており、火のまわりは遅かった。火は翌日も燃えつづけ二六日の昼ごろやっと鎮火した。善光寺領の被害は潰二二八五、焼失二〇九四、死者二四八六人といわれる。善光寺の町は問御所以南と横沢町を残して全焼した。この火災のとき、問御所の領主であった越後椎谷藩の代官寺島善兵衛の活躍が目立った。同氏は二五日早朝、上高井の六川からかけつけ、町民を指揮して後町と問御所の間で火をくいとめた。そのために善兵衛は破壊消防をおこなった。つまり、寺領である東後町、松代藩領である西後町などの家をこわしたのである。むろん自分の領地の家ではない。他領の家々である。当然のことながら後の問題をおそれる声が人々の間から上ったが、善兵衛は一切の責任を負うといって作業を進めたのである。その他、飯山・信州新町・稲荷山などでも火災があった。とくに稲荷山では四ヵ所から出火した。宿場であったし善光寺参詣の旅人が多勢泊っていたとみられるが、くわしいことはわからない。とにかく、この宿で二〇〇軒余が焼失し、残った家は約三〇軒、死者は三六〇人に達したという。

善光寺の境内でも、石燈籠や六地蔵が倒れた。また数多くの堂塔が倒れたり焼失したりしたが、幸なことに、本堂・山門・経蔵などが残った。現在、本堂は南面している。この本堂に向かって右側、つまり東から本堂に登る階段がある。階段下の向かって左側の柱をよく見ると、捩《ねじ》れているのがわかる。柱の面と、それをうける基台の方向が平行ではない。捩れは善光寺地震のときに生じたものだといわれている。また、本堂に向かって左側の角の柱をみると凹みがある、柱の傍には鐘が吊り下っている。地震のとき、この鐘が落ち、柱にぶつかってできた傷が今に残る凹みであるという。

臥雲の三本杉

善光寺平周辺の山々は有名な地すべり地帯である。今も地すべりが各地につづいている。こういう地域が地震にゆさぶられたので、地すべりが各地に発生した。松代領内で約四万二〇〇〇ヵ所、松本領内で一五〇〇ヵ所に及んだ。どのようにして数えたのかはわからないが、とにかく大小多数の地すべりが発生し、それによる被害も多かった。この地震の被害分布をみると、山地で多いが、それはすべて地すべりによるものと思われる。犀川の北に東西につづく斜面には地すべりが多く、全滅した部落もあった。その一つ、藤沢組は二二戸あったが岩の下にあった一八戸は落石のために数十丈の下に埋没したというし、地震後約五〇年へて、そこを訪れた人は、もとここに集落があり、人の生活していたということは想像もできなかったという。また念仏寺という所は一二戸の部落だったが、山崩れのため、ある家は立ったまま、ある家は潰れて泥に埋まった。家財はすべて土中に埋没した。

臥雲《がうん》という所がある。臥雲院という寺のある、傾斜地に家が散在している集落である。松代藩代官手代鈴木某はこの寺の庫裡《くり》の方丈の間で書きものをしていた。西北の方から響きがきこえると共に地震がきた。急いで東の庭に出るや否や庫裡はつぶれた、庭の南の土手に麻畠があり、その中に一抱えほどの木があったので、その木に取りついていたが、畠の中から這《は》い出てくるものがあるので、よく

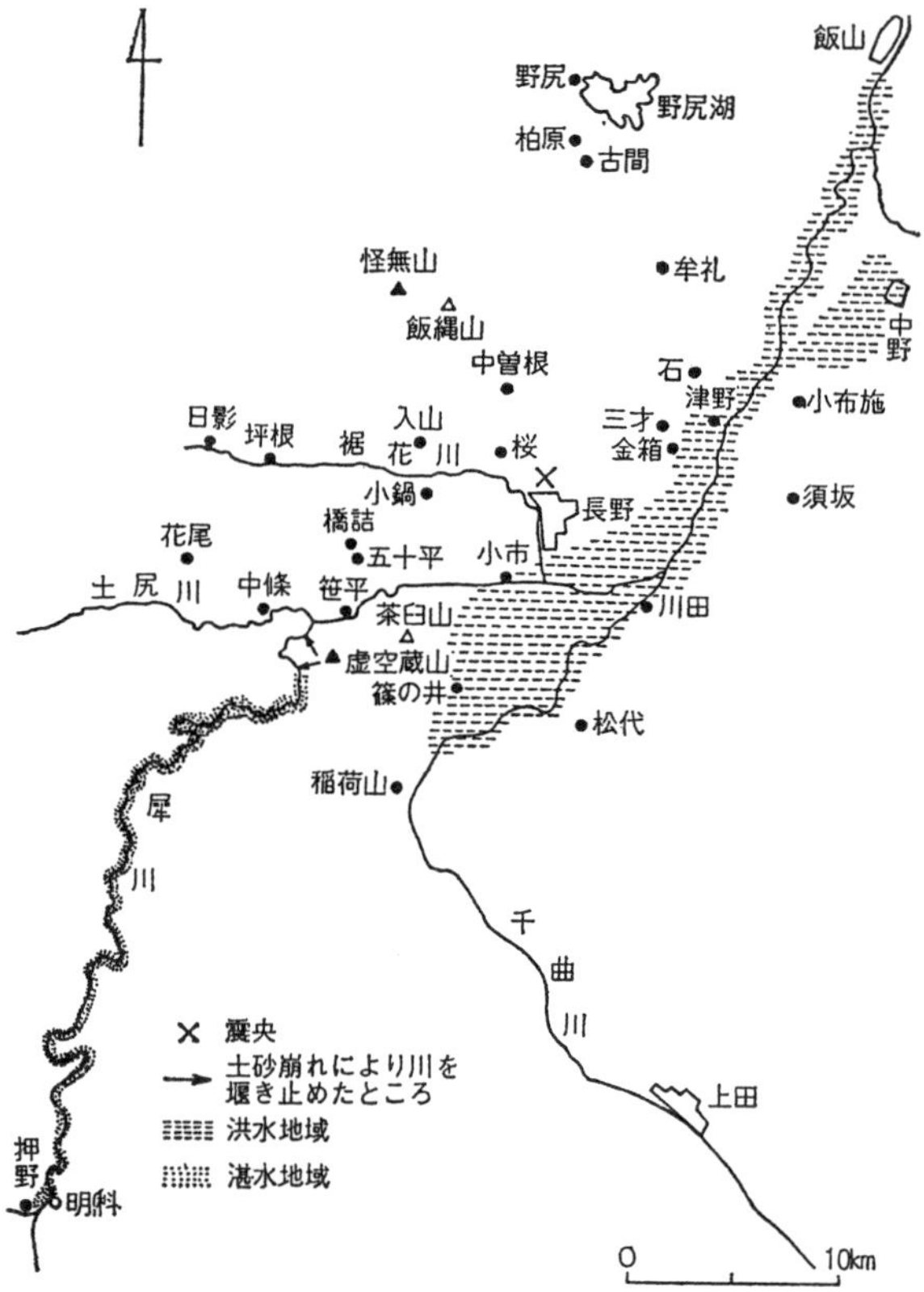

図 30　善光寺地震の湛水・洪水地域

みると庫裡婆が赤裸で逃げ出してくるところであった。そのうちに自分がとりついている木が動き出し、忽《たちま》ちのうちに一丈ばかり、土とともにぬけ下り、足を留めることもできないので、そこから逃げ出した。大門の辺に有名な杉の大木があったのを思い出した。あの木なら大丈夫だろうと思って、それに行くと杉は見えないので、この杉も倒れたのかと思い、その杉の傍にあった観音堂はどうかと見ると、堂は見上げる程の高い所にあった。本人は気のつかないうちに土とともに落下したのである。元気を出して堂に上ってみると、そこは山崩れもなく堂の庭はもとのままである。寺の和尚その他の人々は潰れた庫裡の下から逃れでてきた。この話に出てくる大杉は臥雲の三本杉といわれる。現在は寺の堂庭から数十メートル下に立っている。枯れた幹もみえる。これは地震ですべり落ちたとき、元の木が枯れ、その根本から新しい芽が出て現在の姿になったといわれている。

もう一つの例をみよう。犀川をさかのぼると南に折れて松本に向う。その西にある山中に柳久保という所がある。ここに柳久保池という小さな池がある。今は養鯉場になっている。景色のよい所だが交通は不便で、めったに訪れる人はない。この池は、地震の時の地すべりで細流がせきとめられて出来たものである。細流であり、この池が満水するのに三年かかったという。この池の深さは約五〇メートルくらいはあろうが、そのくらいの土堤ができて流れをふさいだのである。この池に行くと、当時の地すべりした跡が地形に残っていて一目でわかる。この地すべりによって家が一五〇メートルほど移動したが、そのまま建っていたという。この家は今でも地すべり地形の先端に残っている。

虚空蔵山の地すべり

山崩れの最大のものは虚空蔵山《こくぞうざん》の地すべりであった。この山は犀川の南側、現在の信州新町の入口、水篠橋の東にある。この山は二方向に向って崩れた。上流のものは岩倉組にかかり、水篠橋付近で犀川をせきとめた。土砂の高さは一八丈、長さは四〇〇間あったという。もう一つは北の方、やや下流の藤倉組にかかったもので、土砂は高さ約一〇丈、長さは二〇〇間足らずで、藤倉・古宿の二村を埋めた。現在も虚空蔵山の西にある涌池（地すべりで出来た）から虚空蔵山を望むと、地すべりした跡がよくわかる。涌池のほとりには、この地震で亡くなった人の墓が並んでいる。さて、流れをせきとめられた犀川の上流は日を経るにつれて水嵩《みずかさ》が増し、川ぞいの村々は水没するにいたった。当時のありさまを画いたものに、湖水の中に家の屋根が点々と浮ぶ図があるが、正にそうしたものだったに違いない。信州新町は震災と火災に遭ったばかりでなく、ついに水没するにいたった。正に震・火・水の三重苦を負ったのである。湖は徐々に上流に向かってのび、ついに押野（現明科町）まで達した。湖の長さは約三〇キロメートル以上、その幅は一〇〇～三〇〇〇メートルに及んだ。こういう状態だったので、万一この自然にできた堤防が切れれば下流は大洪水になることが懸念されるようになった。水は一滴も流れない。さらにわるいことに犀川が長野盆地に入る入口に小市という町がある。その北にある真神山が崩れ、その土砂が犀川に八〇間（一五〇メートル）押し出して、川幅が狭くなった。そのほか犀川ぞいの各地で石や土砂が川の流路に押し込んでいる。これを取り除かなければ、わずかな水勢でも川水は川中島、つまり善光寺平に流れ込み大被害が予想されるようになってきた。そこで、押し込まれた土砂をとり除くと同時に前々から普請していた川除土堤の補強工事が始められた。そのようすは

私領御領之無差引。十五歳以上六十歳までの農家町家に拘《かかわ》らず呼上、右の場所切崩し、川中島の水防の土俵石俵を以、土堤を築立、将又食物は段の原河原に於て、近在之男女数多呼集め炊出し

有之、村々役人へ割渡し、混雑無之様、旗目印を押立、退休之時刻は、貝鉦太鼓を以て相図を定め……

ということで、突貫工事が大勢の協力で進められていた。そればかりではない。小市と小松原両村の山には烽火台を構え、出水の時には合図にしたがって、村々寺院の大鐘をつき鳴らし、逃げ去る手筈をととのえていたのである。四月八日と九日には篠つく大雨があり、雨水は犀川に流れこんだので下流の人々は出水を心配したところが案の定、一〇日の早朝から留口の岩の間から水が少しずつ落ちはじめるようになり、時とともに水流は太くなり危機が迫ってきた。こうして四月一三日昼すぎ、水が

岩倉山（虚空蔵山）の大崩へのりかかり最初は川形に相成欠け口を滝の如く流れ落ち、一手に抜け破れもいたすまじくと諸人少しく安堵の処俄《にわか》に山谷鳴動天地海冥崩れ込候岩石廿余町一時に押破り真黒の泥水山の如く漲出安庭村の前通りに突掛け流浮の人家、滝壺《たきつぼ》の様なる処え流れ込み候節は黒煙り立上り引続き堰止候二の崩も一時に押破り其節安庭村の向う入見村、水中にまくり込み不残流失……扨《さて》夫より次第に犀口へ押流し候。今日頃は兼て危難の趣にも聞え候に付始終心付き罷在処に申の上刻過狼煙早鐘の音遥に相聞え候に付、直様高き山に駈登り犀口の方を眺望いたし候処山の間に霧の如く水気立上り水声滔々と鳴響き頃刻に犀口へ押出し候勢ひ黒雲の湧が如く大浪五六丈も立上り最初小市村を押流し水先を辰巳の方に向ひ……

とそのありさまが記されている。また、別の文書には

……其音百千の雷一度に鳴が如く、山々鳴り渡り震動して、留口の半途より下を突抜大石を飛し、浪逆立ち突落す、水煙深く、左乍《さなが》ら朧夜の如く、半里四方は雨を降しけり

と記されている。こうして善光寺平一円は洪水となり、水は信濃川ぞいにはるか下流まで及んだ。その結果、流失家屋八一〇、泥砂入り家屋二一三五、流死百余人の損害をうけた。死者が僅か一〇〇人余りで済んだのは、かねてから、この日のあるを予見して、さまざまな対策を立てた賜ものである。洪水の高さは小市で六・五丈、松代で二尺、川田で五尺、飯山で一・三丈、長岡で五尺、信濃川河口で一丈あまりであった。現在でも小市の近くの四ツ屋にある中沢袈裟延氏の庭には径二メートルくらいの大石がある。これは洪水で流れてきたものであるという。また、犀川の中流篠水橋近くの国道ぞいにある幅の狭い田圃《たんぼ》には径一〜二メートルの石が点々と散在している。これも虚空蔵山の山崩れで運ばれた石が残ったものであるといわれる。

犀川のほかにも、いくつかの川で水がせきとめられた。犀川に流れこむ土尻川もその一つで、川上で山崩れがあり、水が流れなくなったのが、四月一〇日の昼すぎ決壊し、高さ一丈余りの大水が俄《にわか》に押出してきたが、破損はなかったし、夕方には減水してきた。また、その北方を流れる裾花川も地震による山崩れで川が埋まり、高さ一八丈、幅四町、長さ二二町の池ができた。七月一四日から大雨がつづき、一九日は昼夜にわたって大雨となり、二〇日に自然堤防が、幅一五間、深さ四丈くらい崩れ、大水が一時に押出し、田畑破損、山崩川欠という被害のほかに、国役普請所の川除土堤二五〇間くら

い、石積六七〇間余なども押流した。

信州は温泉の多い所である。地震で渋湯は湧出量が減り、角間では少し湯量が増加した。震源地からかなり離れた草津では、地震の後に一様にぬるくなり、熱の湯・脚気の湯などもぬるくなり、ふだんは熱いのを我慢して入っていたのが苦もなく入れるようになった。松本市の浅間温泉も、地震いらい湧出量がふえたし、別所温泉は湧出が止ったという。松代加賀井の湯口は地震当日の夜には六尺、翌二五日には三尺、二六日には五〜七寸の高さに湯をふき上げた。むろん井戸水にもさまざまな変化があったが、それは省略する。地変も各地に観測されたが、地割れは震災地全体にわたって多く、割れ目から青や赤の砂や泥水を噴出した所もかなりあった。とくに松本市南部の出川・神田地区では地割れからガスが噴出し、それが燃え出したという。長野付近でも地面の割れ目から火をふいたり、悪臭を生じたりした所があった。小さいながら断層が生じたことも確認されている。

善光寺地震の特質

この地震は、皮肉なことに、全国から安寧《あんねい》と信仰を求めて集う善男善女を襲ったのである。亡くなったり怪我《けが》をした人々にとっては、御利益どころの話ではなかった。善光寺の縁起には数種類があってお互いに多少内容が異なる。そのうちのあるものによると、信濃国伊那郡麻績の人、本田善光が国司のお供をして都に上っているとき、ふと難波の堀江を通りかかると、堀の底から「善光、善光」と呼ぶ人がある。おどろいて立ち止ると、仏様が水底から、いきなり善光の背中にとび移った。善光は仏様を背負って信州に帰り、まずは自宅の臼に安置しておいた。これが長野の善光寺につながってゆくことになる。この本田善光の名を入れて、地震後、狂歌がよまれた――

死たくば　信濃へござれ　善光寺
うそはござらぬ　ほん多善光

善光寺が死出の入口になってしまったのである。

また、こんな歌もある――

善光寺如来に問奉る
後の世を願ふ心の人々も　かく早くとは思はざらまし

如来の御答え――

俗世のみか現世も施主に世話かけて　土葬　水葬　火葬までして

最後の歌は、山崩・火災・洪水という善光寺地震の特質をうまくつかんでいる。こんな歌に報われなかった善男善女の思いがこめられているように思われる。

この地震は、善光寺の参詣人がニュースとして全国に持ち帰り、あっという間に拡がったと思われる。日本全国をゆるがす事件であったにちがいない。したがって、この事件関係の記録は日本全国に散らばっている。しかし、どちらかというと、今日でいう公文書に相当するものが多く、個人の生活の苦しみを訴えるようなものは、まだわずかしか見つかっていない。もちろん代官・藩主は復興に力をつくしたし、食糧の調達や復興資金の借金に動きまわった。この地震のようすをつたえる「かわら版」も多く、とくに絵図は研究上にも役立つ。ある文書に出ている絵をみると、善光寺の町で、逃げまどう人々、また火災に遭って、あるいは裸で、あるいは着のみ着のままで猛火の中を逃げる人々のようすが生き生きと描かれている。昔の善光寺の町は善光寺から南にひろがっていたが、現在の長野駅付近は町ではなかった。現在からみると、そう大きい面積を占めているわけではない。したがって、火災に出会っても、何とか郊外に出られれば一命はとりとめ得たであろう。幸に火のまわりは、そう早くはなかった。町外れの田畑に人々は避難し、なんとか家財道具をもち出した人もあった。火を背にして、田畑の中に仮小屋を作る人が出てきた。今の五月である。気候は好いが、とくに天候の安定している時ではない。ふすまを屋根にした避難小屋では雨に困ったろう。

善光寺の町の復興は思いのほか早くすすんだ。とくに権堂の町はもっとも目ざましく復興をとげ、前よりも立派になった。しかし善光寺は、大きな損害をうけ、復興には借金を必要としたので、のちのちまでその影響が残った。とくに大地震のあとは参詣人も急に減り、信者から入る祠堂《しどう》金は、大地震前の年平均一一七両から、地震後は年平均二一両に急減した。

この地震は余震も多く、地震後一週間ほどは一日五〇回以上もあった。終わりに、この地震の五日後、つまり旧暦三月二九日正午ごろ越後高田付近に規模六・五の地震があり、高田領でかなりの被害があったばかりでなく、松代でも落石があったことをつけ加えておく。

10　南海地震

大地震用慎心得の事

……然るに四日巳の刻後数度ゆれ候へども格別の義なく、翌五日申《さる》の下刻ゆり出すこと四日よりも甚敷《はなはだしく》、……然るに前夜より家の内に居る人稀なり。大方ハ門へ出て夜を明し、又ハ船にて用意し川中へ出て夜を明すも有、古今の周章甚敷、又々五日申の下刻沖の方鳴いだし、人々あやしく思ひし所、即刻大津波来り……然るに前夜より地震にて家内に忍びがたく、用心のために茶ふね上荷屋形ふねなどに乗り、老人婦女小児の類ひ多く川中にて船にしのぎ居ル処、右津浪に打たれ死亡におよぶ人いく千人といふ事をしらず、まことにあはれなる事ともなり。扨《さて》津浪のしだいは沖の方鳴とひとしく高汐押来り、其強勢天地も崩るる如くなり。又津波の引事もはやきもの成にや。スハ津浪と申より即刻に浜辺へ見とどけに参り候処、平常水の少し多きほどにて安心せしほどのこととなり、実にけぶの珍事……扨地震もしだいに静に相成、されども市中の騒動物さわがしく、亦もや津浪が押来るなどと申出し、老人婦女小児の類ひ縁を求めて上町の方へ同家する人幾万人という数を知らず、古今未曾有の大変なり。当年六月の節より尤《もつとも》甚しく候得ども、地震ばかりなれば格別の死亡も有まじきに津浪によって死亡多き事ふしぎの珍事なり。そのゆへいかんとなれハ、地震いかほど大ゆりいたし候ても、主人たる人先心を落し附、家内火の用心を専一と見廻り、火鉢などに火の有ところに土ひん水を入てかけ置、印形帳面大切の品々用意いたし、金銭の類ひは家内の人々に割わたし置、老人婦女幼年のものをさとし力を添て、みだりにうごく事なかれ、天さい地ようは何れへのかれてよしともまた難にあふとも斗《はか》りがたし、万一うろたへ大道往来にて死亡におよぶより、とても死する命なれば家の内にて死する事かなるべきや。しかれども現在我家くづるるを見て覚悟を極め観念いたし居るといふにあらず、其時の地震のようすを得とかんがへ、其家のもようによってのがれ出で広場所へ行もよし、夫とても主たる人は心をおとしつけ老人婦女小児の類ひ引連、よくよく心を用ひ考へ出すべき事也。むかしより大地しんのあとに津波出る事うけたまはりおよび候得とも、此たひ眼前の如く見聞におよび候事前代未聞の事なり。都而此度周章したる人はけが致し、落付たる人は無事也。已来大地震の節船ニて川中に居る事相つつしみ可申事呉々《くれぐれ》も子孫までも申つたへ置度事なり。

〈大地震用慎心得の事〉

一、主たる人驚べからず事

一、火の用慎見廻り第一の事

一、船にて川中に居べからず、津浪の出る事おそるる所なり

一、角屋敷亦一軒立家などハ用慎すべし、多く破損するなり

一、寺社石鳥居石とうろう辺へ寄べからず崩るるなり
一、寺方高塀大壁など有所別而用心すべし、くずれ安し
一、古き家のお母屋建ならハ反てやねおもくして柱ゆるみあやうし
一、借家建ての棟つづきハ見かけより反てじょうぶなるなり
一、露路裏長屋抔《など》片側へいなどの別而用慎すべし
扨津浪の用心は難斗。しかれども先大坂川々水捌ケよくいかやうの大水にても大道へようゐに止る事なく、所々よれハさのみ驚く事有まし。少し高見の方へ逃行ば無別条のものと存られるなり。但し川筋ハあやふし、内町は気遣ひも有まじ。……

少し引用が長くなったが、これは安政元年一一月五日（一八五四年一二月二四日）の安政南海地震のときの大坂のありさまを記したもので、その時の経験にもとづく心得も記されている。あて字が多く、やや読みにくいかと思うが、当時のようすをよく伝えているので原文のまま記した（『大日本地震史料』所載『世直り艸紙』）。

ここには、心にくいばかりの冷静な眼でみた、地震のときの心得が示されている。現在でも、これ以上の注意はないだろう。そのうち、「船で川の中に居るな」ということは後に述べる大坂の特殊な経験にもとづくものである。とくに、昭和の現在いわれている心得に欠けているものとして「主人は落ち着け」ということがある。家中の人全部があわてては何もならない。落ち着いて状況を見きわめ、

正しい判断をする人が必要なことはいうまでもない。そういう主人は、火の用心をし、貴重品の処理をし、老人婦女幼児を力づけ、むやみに動かないようにする。しかし、家が潰《つぶ》れるのに下敷きになれということではなく、周囲の状況をよく考えて、外に出るなり臨機の処置をとれというのである。地震の心得が画一的になるのを戒めた良い教訓であると思う。文書には「主たる人」と書いてある。「主人」とは限らない。ホールで宴会中に地震があれば「主たる人」は宴会の幹事か、ホールの構造をよく知っている管理人になるだろう。昭和五三年（一九七八年）六月一二日の宮城県沖地震のとき、仙台のスーパーの地下は客でごったがえしていた。人々は急いで外に出ようとして階段に殺到した。この時、客の一人が「落つけ」と大声で叫んだ。人々はハッとして平静をとり戻し外に出たとの事である。客の一人が「主たる人」になったのである。我々は、いつか、どこかで「主たる人」になるかも知れない。常日頃から平静な心を養うことが大切である。

大坂の津波の被害

実はこの年の六月一五日（一八五四年七月九日）に伊賀上野に規模七・二五という大地震があった。被害範囲は奈良から伊勢湾沿岸に達し、上野付近では壊家二二五九、死五九三人を出した。この地震で大坂も大部ゆれたが石燈籠が倒れるくらいだった。大坂のように家が立ちこんでいる所では外へ出ても安全であるという保証もなく、余震がつづくので、船にのり、川や堀で一夜を明かす人も多かっ

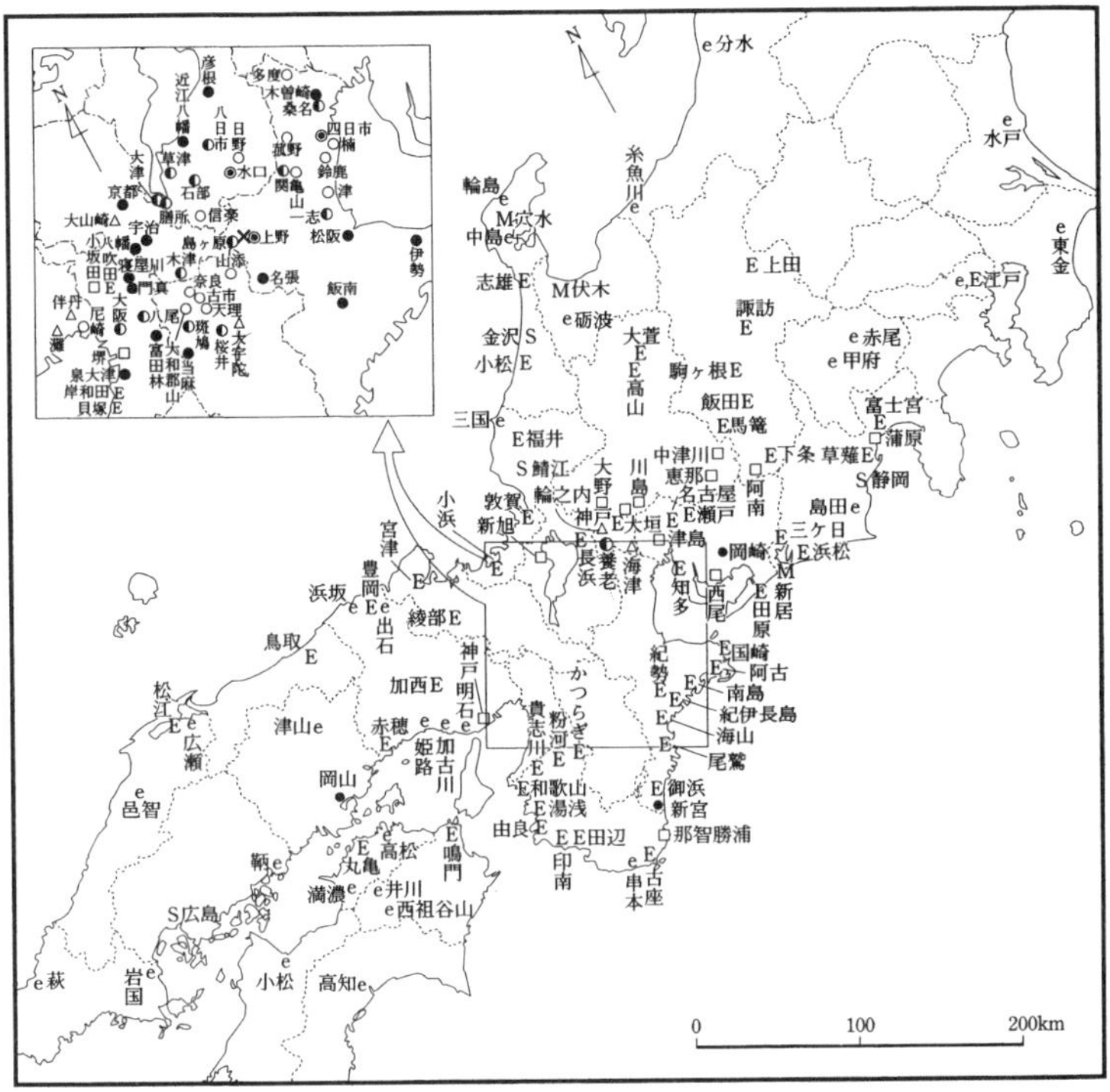

図31　安政元年６月伊賀上野地震の震度分布（『日本被害地震総覧599-2012』による）

た。幸い大坂は水の都といわれるほど堀川が発達していたのである。

それから半年も経たない一一月四日に安政の東海地震がおこった。これは、昭和五一年（一九七六）秋以来、話題になった地震である。この地震での大坂の震度はVと推定される。石燈籠や石鳥居が倒れたり折れたりした。余震もあった。六月一五日の地震を思い出して、用心のために船にのがれて堀川の上で一夜を明かした人も多かった。しかるにである。この地震から三二時間後、つまり翌日一一月五日の申《さる》の刻に、今度は安政南海地震がおこった。

この地震は震源地が紀伊半島沖の北緯三三・〇度、東経一三五・〇度にあり、規模八・四と推定される巨大地震であった。直ちに津波が沿岸各地を襲い大阪湾内に達した。そのために、船に乗って難を避けるということが反って裏目に出て、多数の人命が失われたのである。前の引用文は、この間の事情をよく伝えている。

この津波は大坂市内の堀川を押し上った。当時、大坂は各種物資の集散地で諸国から千石、二千石という廻船が集まっていたし、それをとりまく、大小のはしけなど無数の船が碇泊していた。そういう船が津波で押し流され、橋にぶつかり多くの橋をこわしたのである。ある史料によると、当時、諸国廻船一一一八艘が大坂にいた。そのうち破船一五六、損船五〇六であり、諸川船六三〇艘のうち破船五六二、流失六八という。また、死・不明は二〇〇人以上に達したもようで、亀井橋・安治川橋・住吉橋などの橋が落ちたという。

南海沖地震と東海沖地震の関連

さて、この安政南海地震は非常に大きく、被害は近畿・中国・四国の全地域と九州・中部の一部に及んだ。津波は房総半島から九州に至る太平洋岸を襲った。日本全国での被害は全壊家屋約二万、半

表5　歴史上の南海地震

和暦	西暦	震央		規模M	高知市付近の陥没面積	室戸岬の隆起量	湯の峯温泉
		北緯	東経				
天武13年 X 14	684 XI 29	32.5°N	134.0°E	8.4	12km^2		
仁和 3 VII 30	887 VIII 26	33.0	135.3	8.6			
康和 1 I 24	1099 II 22	33.0	135.5	8.0	＞10km^2		
正平16 VI 24	1361 VIII 3	33.0	135.0	8.4			湧出止まる
慶長 9 XII 16	1605 II 3	33.0	134.9	7.9			
宝永 4 X 4	1707 X 28	33.2	135.9	8.4	20km^2, 2m＞*	1〜2m	湧出止まる
安政 1 XI 5	1854 XII 24	33.0	135.0	8.4	1〜1.5m*	1.2m	湧出止まる
昭和21 XII 21	1946 XII 21	33.0	135.6	8.1	15km^2	1.3m	

＊　陥没量

壊家屋約二万、焼失家屋約七〇〇〇、流失家屋約一万六〇〇〇、死者約一七〇〇人と推定されている。津波の高さは土佐の久礼で一六メートル、種崎で一一メートル、室戸で三・三メートル、宍喰で五〜六メートルに達した。また、室戸岬や紀伊半島は南上がりの傾動を示し、室戸・串本で約一・二メートル隆起し、甲浦・加太では約一メートル沈降した。

この南海沖には、有史以来こういう巨大地震が八回おきている。最近では、昭和二一年一二月二一日にあった。規模八・一で安政のときより小さかった。

南海沖の地震は、表5のように、約一〇〇〜二〇〇年の間隔をおいて繰り返し発生している。しかも、そのたびに、室戸岬が約一〜二メートル隆起をするし、紀伊の湯の峰温泉の湧出が止る。そのうえ、高知市の東方に隣接する地域、面積にして約一〇平方キロメートルの所が沈降するらしく、いつも浸水する。ここは地震後、数ヵ

表６　東海・南海沖の巨大地震（規模８クラス）発生の関係

東　海　沖		南　海　沖
		684.11.29
		887．8.26
1096.12.17	→（約２年）⟶	1099．2.22
		1361．8．3
1498．9.20		
1605．2．3	→（同　日）⟶	1605．2．3
1707.10.28	→（同　日）⟶	1707.10.28
1854.12.23	→（32時間）⟶	1854.12.24
1944.12．7	→（約２年）⟶	1946.12.21

注　数字は発生した西暦年月日を示す

月で元に戻るらしい。こういう特徴をもった地震が繰り返しているので、災害の予測もたてやすい。

さらに、静岡県から三重県沖の、いわゆる東海沖地震との関係をしらべてみると、八回のうち五回までは、その直前〜二年前に東海沖に巨大地震がおきているのである。実は東海沖巨大地震は六回しか発生していない。その六回のうち五回までは、その直後〜二年後に南海沖大地震が発生している。したがって、東海沖に巨大地震が発生すれば、その後に南海沖巨大地震がおこると考えてまず間違いないだろう。しかし、南海沖の巨大地震は、東海沖地震の前ぶれなしに発生することもあるから注意が必要である。とはいっても、南海沖の八回の地震は比較的には規則的に発生しているので、東海沖地震に注意をしなくても、その発生を予知することができると思う。

『地震日記』より

さて、この地震は非常に余震が多かった。そればかりではなく、そのおこり方やゆれ方が途中で変わったということが気付かれている。この地震の記録は土佐に多く残っており、貴重な日記類も多い。

そのうちの一つに井上静照の『地震日記』がある。著者井上静照は、名前からわかるように寺（高知県土佐市宇佐町の真覚寺）の住職で、南海地震当時から丸九年にわたって、この日記をつけている。地震のことばかりではなく、村の生活や事件についても記されている。この日記は文久三年（一八六三）の大晦日《おおみそか》で終わっている。そのころになると余震回数も減少し、日記をつける心の張りも少なくなったのだろうか。

此頃地震もなきニ馬鹿らしく何を書ぞへ下手《へた》ノ横好

という狂歌を記して、この『地震日記』のしめくくりとしている。

この日記によると、宇佐付近での地震のようすは

……山川鳴り渡り土煙空中に満ち飛鳥も度を失い人家は縦横無尽に潰崩し瓦石は四方へ飛び大地破裂してたやすく逃走る事も成難く……

という状況であった。むろん、そのあとに津波が襲い。多くの家財と人命が失われた。また、この日記には毎日の地震回数や、ゆれ方の強さ、ゆれ具合などが克明に書かれている。九年間に記されている地震回数度は二九八一回余になる。そのうち大地震は七回、大の小は四回あった。通常、余震の数は地震後、日時の経過と共に減っていくのであるが、この地震の場合には、安政元年一二月三〇日、つまり大晦日に最大の余震があった。これは一一月五日の本震と同じくらい強かった。しかも、それに伴う余震が多く、小ゆりはなく中ゆりばかりで、間断なくゆれる様は本震より烈しく、ゆれるたび

に空中でじだんだをふむような音が聞えたという。

一夜明ければ新年である。元日も間断なくゆれた。そのようすを

……地震のもよふは惣体去年分トハ違ひ地築するごときづんづんと大なる音して夫よりゆる。余り長々の事ゆへ地震殿もゆりの流義をかへんとして驚しむる手段とみゆ。

といっている。ここで地震のゆれ具合が変わったことがわかる。しかもズシンズシンという感じであるから震源地が宇佐町の近くに移ってきたと考えられる。

さらに正月二日の日記には

五ツ半頃ゆりの間あり地震殿の飯時なるべし。扨《さて》一両日の地動は去冬長々のゆりトハ違ヒ鳴動の声烈敷ゆる度ことニ大地さけ地底へおちこむかと思ふ様なる事度々有、日夜腹一杯に飯を食ひ家崩れなハ門口へ飛出んと思ふ覚悟より外なし……

と記してある。ここでも、去年に比べて震源地が近くなったことを暗示する書き方がしてある。しかし、それにしても、そのゆれ方のすさまじさが迫ってくる文章である。実際には大晦日から元日にかけての丸二日間に三一〇回の地震が感じられたのである。

この日記は、現代的な眼で調査された。そうして、昭和二一年(一九四六)の南海沖地震と比べられた。その結果、安政元年(一八五四)の大晦日に始まる地震群は、高知市付近に発生した余震群であるとみられるにいたった。しかも、両地震の余震数を比べると、安政の場合は、昭和の場合の三倍

くらいとなる。何が原因でそうなっているのかはわかっていない。

江戸も末期になると、冷静に地震現象をみる人も出てくる。そういう話の一つを紹介しよう。谷脇茂実の『地震日記』によると

予は老体無用の身にて震のゆり様に気を付けて見れば時々模様の違ふ事有、始に荒く来りて後にゆらつく有、又始ゆらゆら来て後強き有、又一突き来るも有、又地の底よりもさび上るも有、地ゆりても空はゆらぬかとおもはるるも有、又空は強くゆるも有らしく、又空のゆり軽からんとおもはるるは飛行鳥にしられ、又飛得ずして地に落るも有といへり。いかにも此考密なるようなり。予の家も半潰にて倒れはせね共、建具悉《ことごと》くはつれ倒れしかどもさして損せず、又蓮池町東一丁目の内酒肆（中内屋利兵衛）が門のほね柱大震におのれと抜出て倒れたりとぞ。是等もさひあけてゆるも有なりと現に見たりし者語りぬ。此柱の傍に彳《たたずみ》し者危き事にあひしと云。

これは、地震のゆれ方を分類したもので、地震計の観測によっても、地震記録は、震源域によって異った現れ方をするという現代の知識に通ずるものがある。また、末尾の門の柱が抜けたという話は、上下動が強く、その加速度が重力加速度に匹敵するくらいであったことを暗示して興味ぶかい。

いなむらの火

この地震は震動による被害も多かったが、高い津波が紀伊と土佐・阿波の沿岸を襲ったため、沿岸

は少なからざる被害をうけた。そこで津波に関するエピソードを記そうと思うが、この地震では、忘れることのできない有名な話がある。「いなむらの火」という話である。紀伊半島の西側、和歌山県有田郡、湯浅湾の奥に広という村があった。その旧家に浜口儀兵衛（号は梧陵）がいた。当時三五歳であった。湯浅の地は醬油醸造で名高い所であったが、浜口家の祖先が、その醬油醸造を千葉県の銚子で始めたのが、現今の銚子における醬油業の創始であるという。

安政元年一一月四日に東海沖地震でゆさぶられた広村は五日を迎えた。ふしぎなことに、場所により、井戸水の涸《か》れた所、一～二尺水位の下った所、また、何の変化もない井戸があり、人々は心配をしていた。梧陵は地異のおこることを恐れていたが、五日午後四時ころに南海地震となった。瓦はとび、壁や塀が倒れ、西南の天には黒や白の雲がただよい、その間から金光が洩《も》れていた。地震が静まったので、村内を巡視するとき西南の海の方で巨砲をうつような響が数回したので、海岸に出てみたが、何の異変もなかった。しかし、天は暗く不安だったので、壮者をはげまし、逃げるものを助け、難をさけるようにしているときに、早くも津波が民家を襲ってきた。梧陵もいそいで逃げたが、広川筋は既に数町も川上まで津波が達していた。梧陵自身も、潮流に半身を没し浮き沈みしながら、やっとの思いで丘にたどりついて後を眺めると、潮に流された者、材木にすがりついている者などがいて、悲惨の極みであった。一旦、八幡社に行き避難している人を元気づけて、鳥居の所まで戻ってくると、日がすっかり暮れてしまった。人々を救おうとして、若い者に松明《たいまつ》をもたせ、流家の散乱する中を下って行ったが、流材のため進むことができなくなったので、引き返すこととしたが四辺も暗くなり、避難の人々が道を失うことを心配して、路傍の稲叢《いなむら》の十余ヵ所に火をつけ、避難民に安全な場所を示した。こうして、暗に迷うことなく逃げてきた人が一〇人ほどあったらしい。梧陵は一本松まで引き返した。その時ふたたび津波がおそってきた。第二波だ。そうして火をつけた稲叢は波に漂い出てしまったのである。梧陵の突嗟《とっさ》の機転が一〇名ばかりの人々を救ったのであった。

津波は前後四回きたという。梧陵の活躍はこれに止まらなかった。津波をさけて、避難所にもどると、すぐに隣村の寺に行き、米を借り、握り飯を作って、八幡社その他に避難している人々に分け与えた。しかし、その米では数日分しかないことを知り、その夜のうちに隣村の里正氏を叩きおこして蔵米五〇石を借りてきた。これだけの働きを、午後四時に地震のあったその日のうちに成しとげたのである。その果断と実行力は村民の尊敬の的であったろう。

翌朝、八幡社から村を見下すと、想像していたより被害は軽かったという。それでも、流失家屋一二五軒、全潰《ぜんかい》一〇軒、半潰四六軒、潮入り大小破一五八軒、死者三〇人に達した。梧陵は、その後も窮民の救済に当たるとともに、村内の秩序を回復することに全力をあげたのである。

梧陵の活躍はこれに止まらなかった。元来、この土地は五〇～一〇〇年に一度くらい津波に襲われる所であり、人々は、安政の災厄に会って生きる望みを失い、広村をすてて移住しようとする者も出てきた。これでは住民の安全を求めることはできない。広村にはいつのころか不明だが、海岸に高さ約一間の石垣が作られていた。津波を防ぐため築かれたのだろう。しかし一間という高さは低すぎて、威力を発揮できなかった。そこで梧陵は、この石垣の内側に高さ二間半、根幅一一間長さ五〇〇間にわたる大防波堤を築くことを計画し、許可をえた。工事は津波の翌年、安政二年（一八五五）の春には始められた。種々の事情によって安政五年一二月に工事は打切られる。実際に出来上った土堤は海浜正面に当たって三七〇間といわれる。しかも

外面堤脚に松樹を栽うる数千株、堤内堤上に櫨樹《ろじゅ》を栽うる数百株、竟に今日長堤蜿蜒《えんえん》松櫨欝蒼《うっそう》の観を呈し、其基形既に完にして固なり。仮令百年の後海嘯《つなみ》の災あるも正面努撃に当るの力十分余りあるは得して証すべきなり。

という自信に充ちたものであった。この堤防が、昭和二一年（一九四六）の南海地震のときにどういう効果をもたらしたのだろうか。その後のようすを知りたいのは私だけではないであろう。

11　安政江戸地震

地震のあらまし

地震は安政二年一〇月二日（一八五五年一一月一一日）の夜四ツころ（午後一〇時ころ）発生した。江戸の震度はⅥで、市中の死者は一万人余と考えられている。潰《つぶ》れた家は町方で一万四三四六軒、一七二七棟を数える。地震後、市中の三十余ヵ所から出火したが、大事にいたらず、翌日の午前一〇時ころには鎮火した。焼失面積の合計は二・二平方キロメートルに達した。これは、関東大地震のときの東京の焼失面積の約二〇分の一に当たる。現在の江戸川区では、「新潟地震」のような「流砂現象」があった。また、神奈川・千葉両県の東京湾にそった地方でも強くゆれ、川崎・鶴見・神奈川・品川・三河島・松戸・木更津・佐倉などでかなりの被害があった。津波はなかったというが、深川蛤町や木更津あたりで海水動揺がみられたという。

地震の一〇日ほど前、旧暦九月二一日のことであった。浅草の蔵前に水茶屋があった。ある人が駕《か》籠《ご》に乗って来て、ここでしばらく休息をとった。出かけるときに、駕籠かきが杖を立てた跡から水が湧き出してきた。そこで、不思議に思った主人が、その穴を掘ると、水がどんどんと吹き出し、付近にひろがって、駒下駄をはかなければ歩けないようになってしまった。ここは昔の堀井戸の跡を埋め

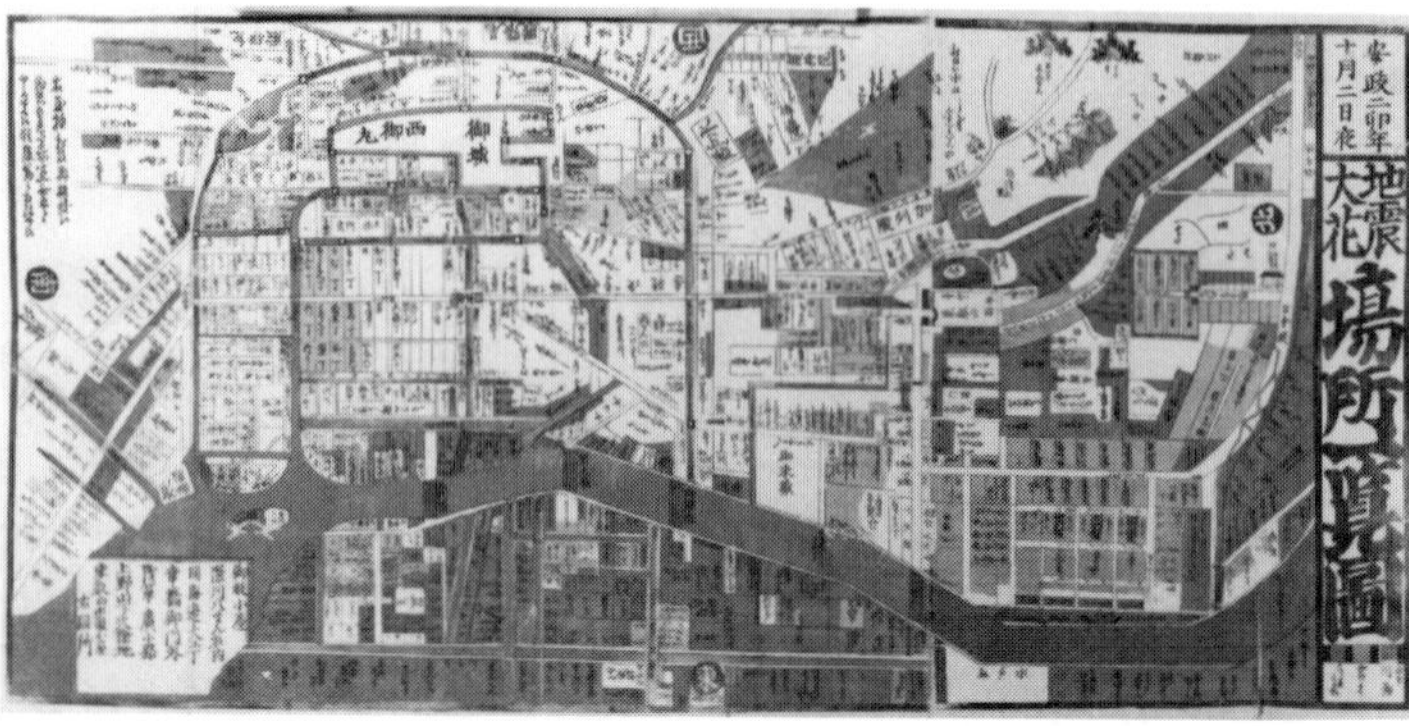

図 32　地震大火場所一覧図（東京大学史料編纂所蔵）

立てた所であった。当時の人は、これを地震の前兆として（むろん、地震がおきた後で）水脈が狂ったのではないかと考えたらしい。この井戸は、地震後には青く濁って苔があり、飲料には適さなかった。そこで「また数月を経ばいかになるらんか知るべからず」と先々のことを憂えている。このような話は神田にもあった。

　また、こんな話もある。地震のあった日の昼間のことである。井戸掘り職人がいた。深川あたりで井戸を掘っていた。ところが、地の底が鳴ってうるさいのか、気分が悪くなったのか、とにかく仕事にならないので、仕事は中止したという。同じような話が茨城県の布川にもあったと、赤松宗旦の『利根川図誌』に書いてある。これなどは、現代からみれば小さな前震活動であったと見ることもできる。

　そのほか、秋なのに梅が咲いたとか土筆《つくし》が見つかったとかいう話もある。また、こういう話もある。一〇月二日の夜のことである。本所永倉町の篠崎某と名前も記されている。この人が

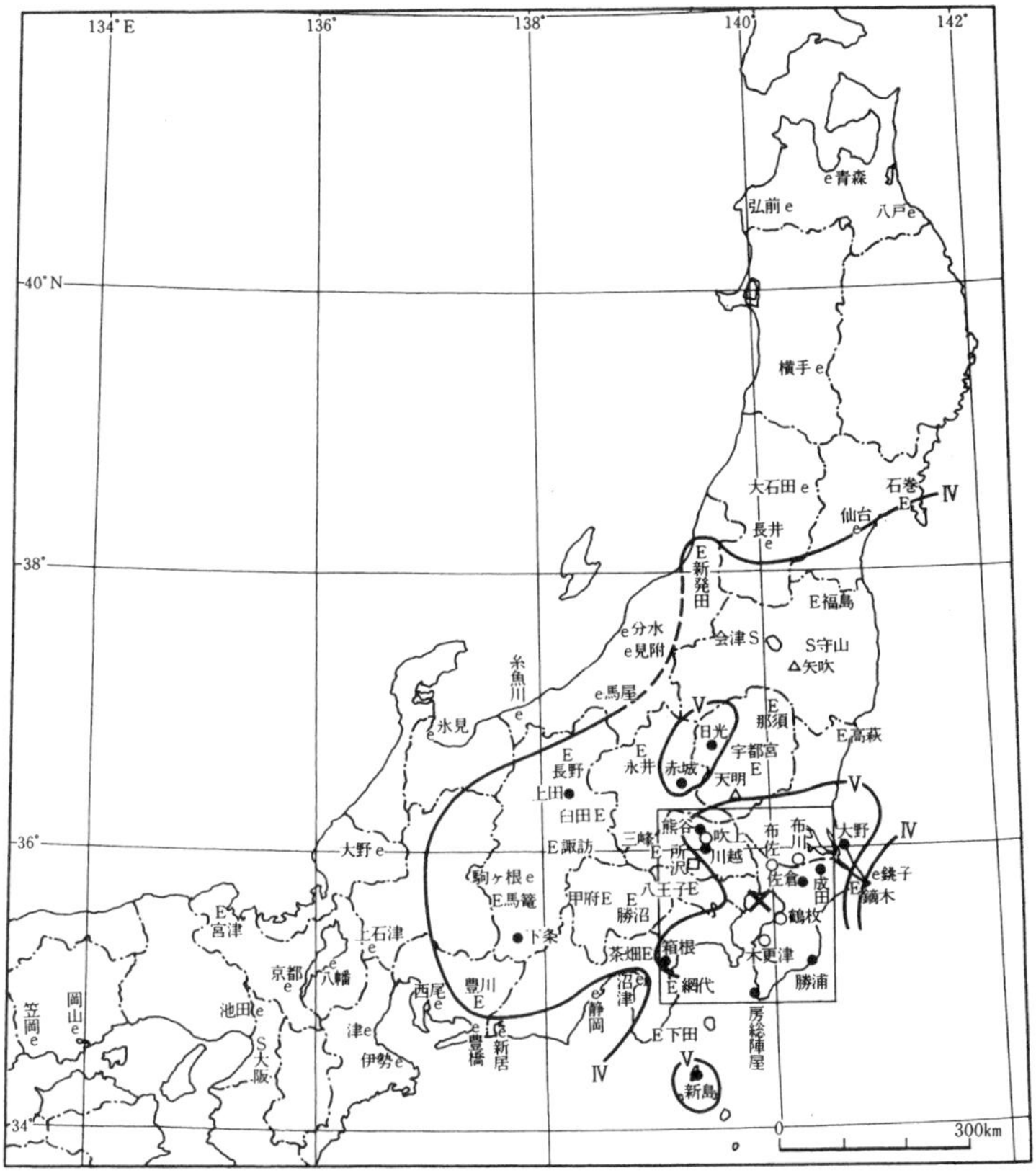

図33-A　安政江戸地震の震度分布(1)(『日本被害地震総覧599-2012』による)

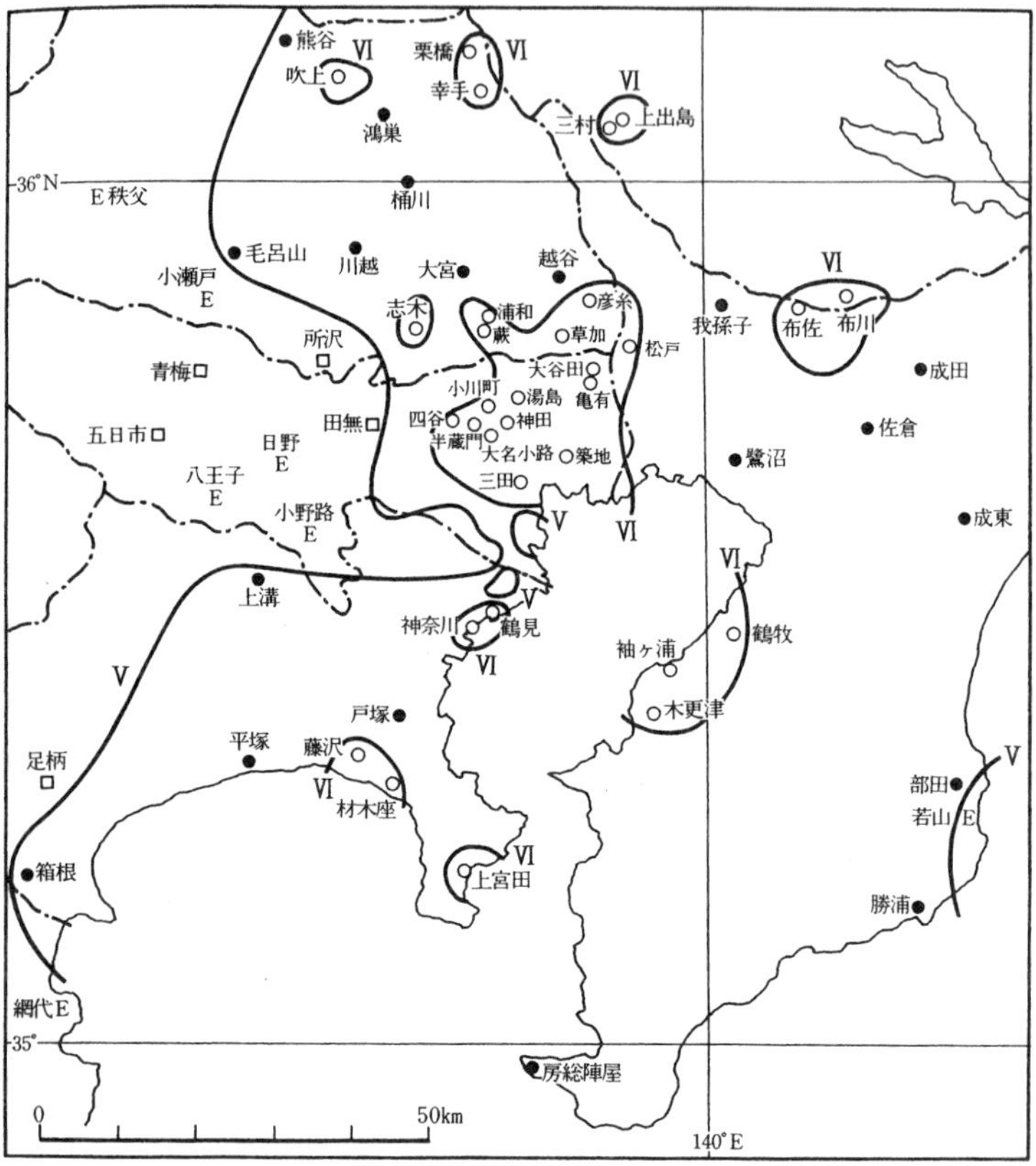

図 33-B　安政江戸地震の震度分布(2)(『日本被害地震総覧 599-2012』による)

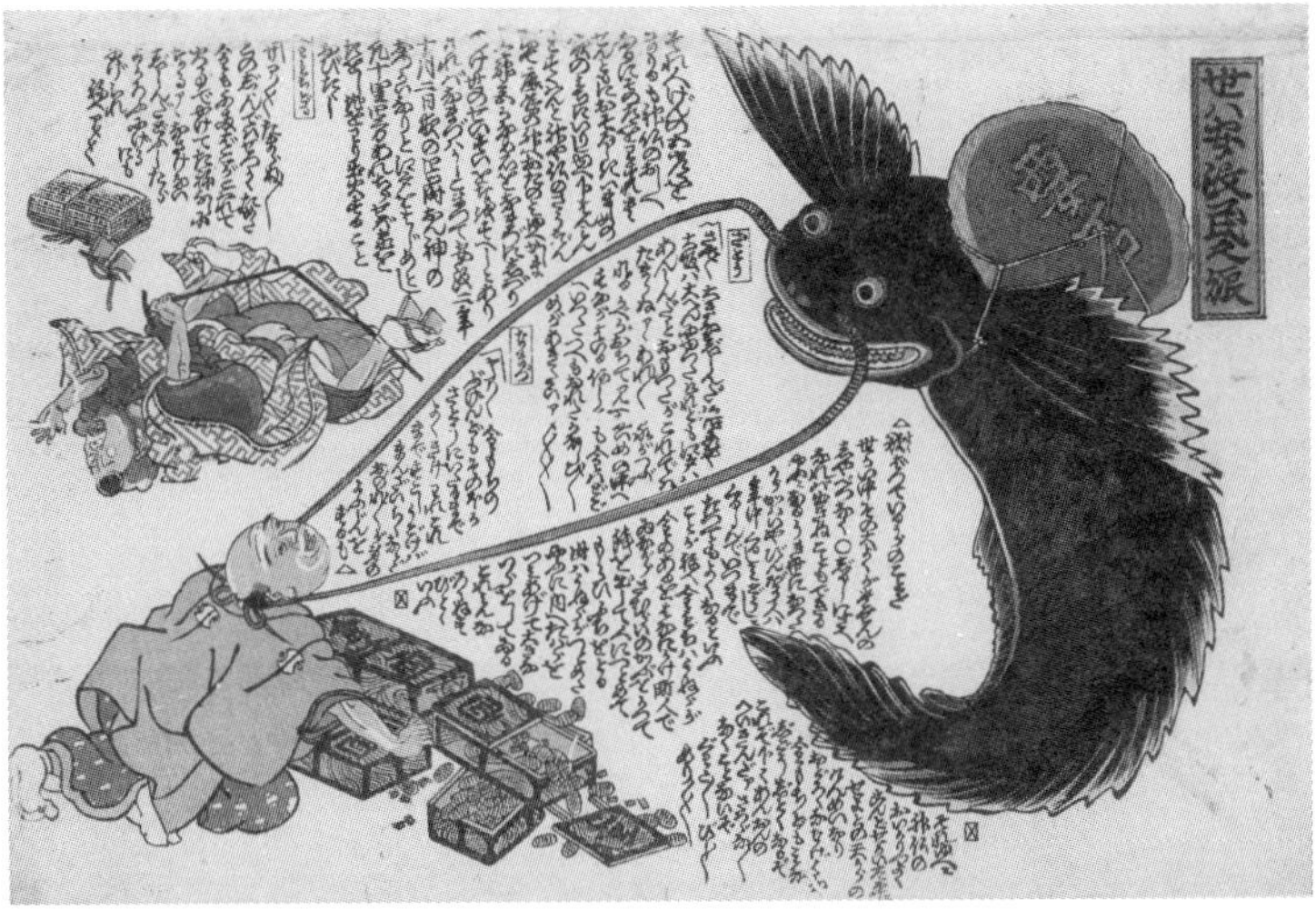

図 34　世ハ安政民之賑（東京大学史料編纂所蔵）

うなぎを獲りに行ったが、なまずが騒いでうなぎは一匹も獲れなかった。なまずが三匹とれただけであった。「なまずが騒ぐときは地震がある」というい伝えを思い出した。そこで、釣りを中止して家に帰り、家内が不思議に思うのもかまわずに、家財道具を外に出した。ところが、この地震である。家は潰れたが、家財は破損を免れた。

また、地震に先き立って雲に異変があったという話もあるが、一つ、有名な話を紹介しておこう。『安政見聞誌』にある話である。浅草かや丁に大すみという眼鏡屋があった。ここに三尺という大磁石があった。珍しく大きいものなので、看板の代わりに、古釘や古錠あるいは鉄物をつけておいた。磁石といっても、現在のような鉄で出来たものではなく、鉄鉱石つまり磁力をもった、大きな石だったらしい。これについていた古釘などが、不思議なことに地震の約一時間前に総て落ちてしまった。眼鏡屋の主人は、鉄を吸わない石は宣伝価値がないと、がっかりした。ところが大地震である。そして、地震の後には再びこの石が鉄を吸い付けるようになったという。この現象を応用して幕末の志士佐久間象山は「地震予知儀」を作った。その模型が、松代にある象山記念館に展示されている。しかし、この現象は現在の科学では理解できないし、その他の大地震の前に同じことがおきたという報告もない。秋の夜長の話題というところであろうか。

いくつかの前兆現象について述べたが、これらは地震後思い出して、きっと、あれが前兆であったに違いないと気がついて記されたものであって、その現象があったので、スハ地震と予測したとはとても考えられない。しかし、なまずの話など事実とすれば、この篠崎氏は予測によって被害を軽減したことになる。そういう話も古文書にいくつか発見される。科学の未発達な時代である。また防災対策も十分でなく、自分で自らを守らねばならない時代であったので、いい伝えを信じ、災を免れた人もあったのであろう。

人々の体験

地震のときの江戸市民の狼狽《ろうばい》ぶりは多くの文書に語られているし、珍談や奇談も多い。また、被害の調査結果も町方についてはかなりくわかっている。江戸市中を自ら歩いて状況を記したものもある。

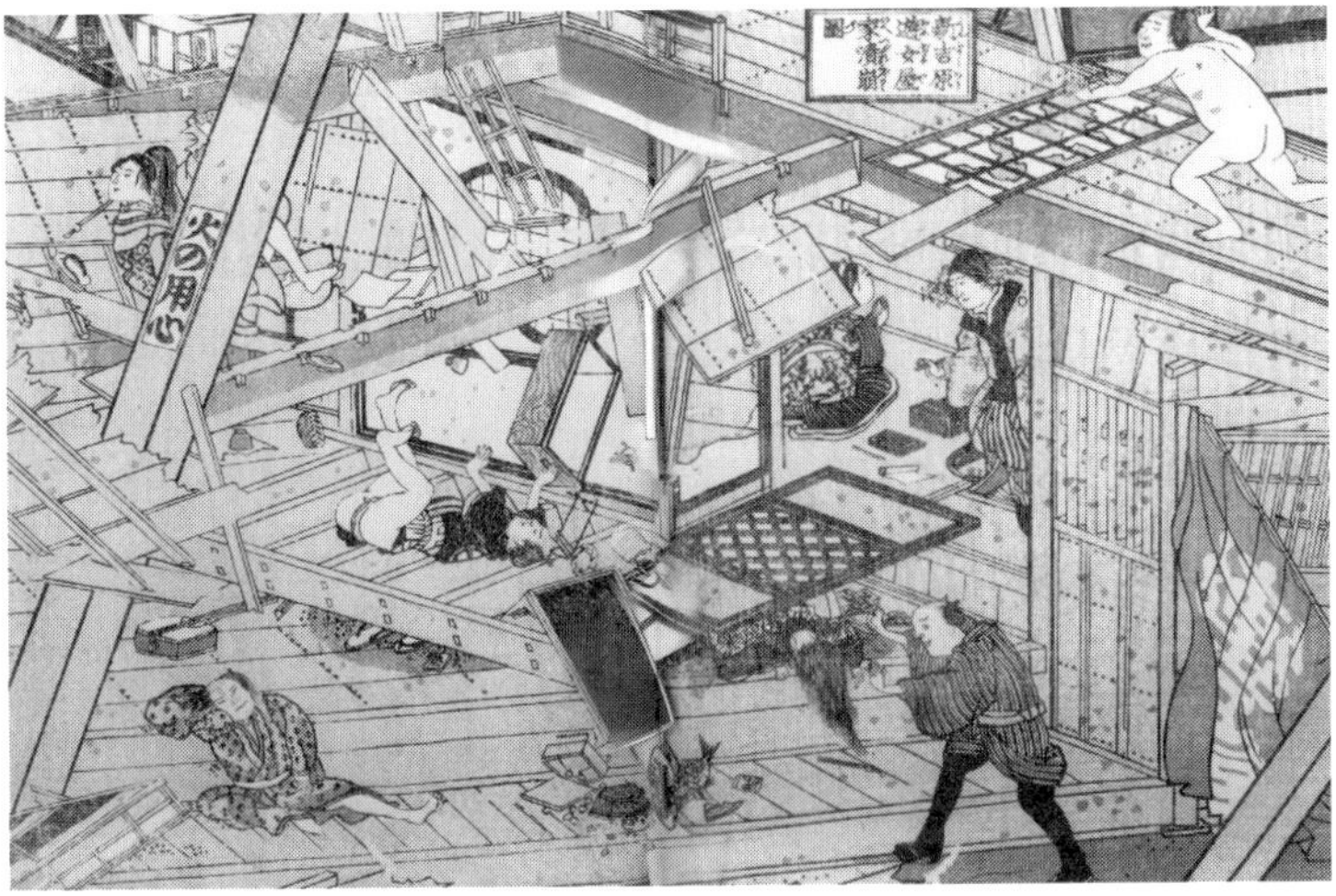

図35　新吉原遊女屋潰壊図（『安政見聞誌』より）

どこの町の何某の家が潰《つぶ》れたとか、どこの社は助かったとかいう記録と、当時の絵図を見比べると、大体の被害区域・火災区域も判定がつく。このようなことを記した膨大な史料のうちから、いくつかを紹介しよう。

中村仲蔵（三世）という歌舞伎俳優の日記がある。それによると、当時、仲蔵は両国の中村屋にいた。ここで踊りのおさらい会があったらしい。それも無事に終わって、うなぎで食事もすませた。時の鐘は四つを打つ。さて帰り支度と思っているところへ地震がきた。「地よりドド、、、と持ち上る」ような感じだ。まだまだゆれは強くない。仲蔵は、女たちが騒ぐのをしずめ、「これは地震の大きいのだ」という。このとき、阪東小みつが「座って居ずとマアお立ちでないか」というので、立って歩き出すと、ゆれだして「足を取られて歩行自由ならず」という状況だった。この時は二階にいた。この記事から、仲蔵が立ち上ったときに主要動（S波？）が来たと思われる。してみると、初期微動継続時間は一〇秒くらいになるのだろうか。とにかく、仲蔵は、倒れた老女を助けおこし階段の所にきて下に降りようとしたが、向うの丸窓の壁がバラバラ落ちるのをみて、もし下に降りてから家が潰れたら「二階だけ余計に荷を背負わねばならない」と考えられるほど落着いていた。そして、次のような観察をしているのである。

辺りを見るに中仕切一間一枚の襖《ふすま》バラバラと骨一小間づつに破れ下る奇麗さ、尺角槻の柱二尺位ゐ奴を振る見事さ……

これは家のゆれ方を暗示している。とにかく、この後に家は潰れたが、仲蔵は運よく助かった。肋骨を打ち、後頭部を鴨居に打たれ、襟首筋へザアっと砂をかぶったが、落ち着いて自力で「先づ鍵裂もせずに屋根の上へ出た」のである。その落ち着きと運の好さは、まさに驚嘆すべきものであろう。

人の運はわからないものである。九死に一生を得た人々もあるし、家の下敷きになり、抜け出られないまま焼死した人もいる。奇談を一つ、名前はわからない。平野屋の料理人であった。この人物は、潰家の下敷きとなったが、梁《はり》に足を挟まれ抜け出すことができない。友人二人が、助けようといろいろ努力した。どうにもならない。そのうちに火が近づいてきた。友人らは、逃げるべきか、救うべきか迷ったが、いよいよノッピキならなくなったのだろう。

お前を助けたいが、この様子では、われわれも火で死んでしまう。気の毒だが、われわれは逃げるから、お前の命はこれまでと思って念仏往生してくれと頼みこんだ。情としてはしのび難いが、二人とも全力を尽した挙句《あげく》に、これまでと思ったのだろう。涙ながらに訓して逃げ去った。家の下敷きになっていた料理人の脳裡には、どんな思いが去来したのだろうか？　とにかく、火は迫ってきて土蔵にもえ移った。そうして、土蔵の壁が一時に落ちてきたのである。この落下壁土が偶然にも、料理人の上にのしかかっていた梁を刎《は》ね上げたので、その隙に、やっとのことで這い出して一命をとりとめることができた。自分を助けようと努力してくれた二人の友人を尋ね当てると、二人は亡霊がきたと驚いたという。珍しい実話である。

さまざまな被害

これだけの地震であるから、家の潰《つぶれ》・焼失、死傷者はいうまでもなく、その他、さまざまな被害があった。たとえば、玉川上水は、大木戸——麴町十二町目付近で破損した。地震の翌日の状況では所々で水を吹き出し、往来もできないほどだったというが、やっと仮普請ということになり、一〇月八日から通行を止めながら工事が進められるようになった。

当時、江戸市中に火の見櫓《やぐら》がたくさんあった。畑銀鶴の『時雨迺袖』によると、銀鶴自身が注意してみたところ、火の見の壊れたものはなかった。多少はあるのかも知れないと思って人々に聞いたが、ある人は壊れたものはないといい、またある人は武家方の火の見には壊れたのを見たけれども、市中にはないという。また、しらべると、地震のとき、一〇軒に一〜二ヵ所の割で行燈《あんどん》が倒れているにすぎず、たいていの行燈は倒れなかったという。そこで銀鶴は考えた。倒れた行燈は、きっと丸行燈か、下の台を四角に切り落したものであろう。下の台が将棋の駒のように根を張っていれば滅多に倒れないのであろうと、この解釈が火の見櫓に通用するとは思わない。火の身の破壊の少ないのは、五重塔の耐震性と似ている点があるのかも知れない。

家屋の被害が多かったにも拘らず、有名寺社の本堂・本殿などは無事なものが多かった。小寺社・下寺・末社などの被害が多かったというのも、火の見の被害と関連して暗示的である。

橋にも被害があったと思われるが、その被害は案外少なく、落ちたものとしては道三橋・竜閑橋が知られている。その他、破損した橋は多かったが、たいしたものはなかったらしい。大川橋・新大橋・本所堅川壱之橋などは、杭や柱石に破損があり、修理のために通行止めになったものもあった。江戸近辺の大きい地震のときには、荒川ぞいの低地で、田畑が割れ、砂や泥を噴出することがある。この地震の場合もそうであった。これは、いわゆる砂の流動化現象によるもので、亀有では、そのために小山のようなものが出来たというが、誇張したものであろう。江戸川の河口付近にも同様な現象がみられ、土地の高低はそれぞれ五寸（一五センチメートル）くらいだったという。

さて、この地震の死者数については当時でも三万、五万、二二万などという話もあったが、銀鶴の聞いた所によると、一万五〇〇〇人以下であったという説がある。それは町方の死者三八九五人をもとにし、武家方と寺社方で、その二倍として加えても一万二〇〇〇人である。そのほか、市中の死者の調査もれなど加えても一万五〇〇〇人には達しないだろうという。合理的な推理だと思うが、銀鶴は必ずしも、これに賛成はしていないようである。

庶民の暮らし

家や家族を失った人々の生活はどうだったのだろうか。大変な苦労であったに違いない。しかし、詳しいようすは何一つわかっていない。地震の晩から寝る所、食べ物、寒さに困ったはずである。

このころは「かわら版」が盛んに発行され、新聞の役目を果たしていた時代であった。安政地震の後には、おびただしい数の「かわら版」が出版されている。一枚ものもあれば、横帳になっているものもある。もちろん、絵入りのものが多い。そのうちの一枚に、家を失った人々が野宿している図がある。野宿といっても隣近所の人々が一緒なのであろう。竹の柱を組み、一坪くらいの所を襖《ふすま》や障子で囲い、屋根や壁の代用にしている。そういう囲いがいくつもある。なかには、火鉢をもちこみ、自分の居所をはっきりさせるために屋号入りの高張提燈《ちょうちん》をかかげているものもいる。人々の表情は意外にも、暗さがない。雄々しく再建に立ち上っているようすがうかがえる。

幕府も手を拱《こまね》いていたわけではない。一〇月四日には、窮民撫育のために、幸橋御門外の原、浅草広小路、深川大工町に「御救小屋」を立てた。バラックであったろうが、どんなものだったかはわか

図36　浅草仮小屋の図（東京大学史料編纂所蔵）

らない。しかし、小屋入りを願うものが多かったので後に上野御火除地、深川八幡社内の二ヵ所を追加して「御救小屋」は計五ヵ所になった。一〇月一八日までに小屋に入った人は、五ヵ所で合計二六九六人に達し、一日三合の米が与えられた。しかし一二月六日から追々もとの住居に退くようになって、上野と深川の二ヵ所、計三ヵ所となり、翌年一月二六日に小屋は閉鎖されたらしい。この御救小屋には、市中の有徳者からいろいろな寄付があった。現金であったり、味噌・醤油・菓子・梅干・芋・手拭・筵《むしろ》・干物・ふかし芋・用紙・沢《たく》庵《あん》・菜漬・茶・鱒・打身の薬・甘酒・塩・昆布巻などの物品や、髪結い手間賃あるいは髪結い奉仕など、考えられるいろいろなものであった。寄付した人もさまざまであるが、なかには二代目志ん生もいるし、新門辰五郎の名も見える。御救小屋への寄付ばかりではない。近所の人々に施しをした大家も多かったし、町々の炊出し所を救援した人人もいた。お金を出したり、食物を供したりした。上野の伊藤松坂屋は、八町四方の人々に白米一升と銭三百文ずつを送った。一〇月二日から九日まで往来の人々に粥を施した人もあった。江戸中の人が相互に助け合ったように感じられる。

こういう援助は近郷近在からもあった。近県の諸藩では、江戸へ送る莚や菰《こも》などを農民から供出させたり、大工や左官の調達、人夫の江戸派遣などをおこなっている。その多くは自藩の藩邸の修復などのためであったかも知れない。このようにして、近県の被害をうけなかった人々にも、別の形での負担がかかったのである。

幕府の救援

武家方の被害も大きく、幕府もいろいろの手を打った。まず武家方の救済で、老中だった阿部伊勢守と内藤紀伊守は、屋敷が潰れたり焼失したりしたので各々一万両を拝借したし、若年寄の本多越中守と酒井右京亮はそれぞれ五〇〇〇両を拝借した。しかも一万石以下の人々に石高に応じて、類焼には一〇～二〇〇〇両を、皆潰には八～一四〇〇両を貸した。返済は翌々年から一〇年の年賦ということであった。もちろん御家人等九〇俵以下の人々にも取高に応じた金額を貸し出した。また、被害をうけたのはお互いであるから、老中・諸役人への見舞いはする必要がない旨の通達を出したり、屋敷の修復は家格に拘らず手軽にするように、従来の長屋門は冠木門《かぶきもん》とし、瓦葺にする要もなく、当分は板屋根にして差支えない、多少見苦しいことがあっても構わない。一万石以下の者もこれに準ずるようにといった、倹約のお触れを出している。

いっぽう、いつの世にも、ドサクサにまぎれて一もうけしようという人はいるもので、材木の値段や職人の手間賃を引き上げないようにというお達しも出された。これに違反したものは訴え出るようにということであった。たとえば、通常二四文のわら縄を七二文に売った人、一日二四匁ずつの手間賃をとった職人などが召し捕えられ、三日間入牢のうえ過料一〇貫文をとられたりしている。また、金銀の道具などを焼いた人は、金は金座へ、銀は銀座へ差出せば、品位を改めたうえ相当の値段で買いとるから持参するようにというお触れもあった。そのほか、牢の塀が崩れたあとの処置、死者の遺体についても、一々規則通りに検死をすることも出来ないので、便法を講じたこと、奇特の人々に褒《ほう》美《び》をとらしたことなど、考えられるさまざまな処置をとった。

とにかく、江戸にしてみれば未曾有の変災であった。そうして、約一〇年後には明治維新となるのである。立ち直ったのが、いつなのかはわからない。しかし、大変災とはいえ、ほぼ江戸市中に限られたのであるから、地方からの救援もあった。仙台藩では、幕府に米一万苞を送り、老中の面々に畳表を送っている。また江戸の藩邸の修復は、各藩の国元から職人や物資を送って実施したものも多く、復興は案外早かったようだ。吉原も、場所を変えて営業が認められた。とはいえ、不幸は重なるもの

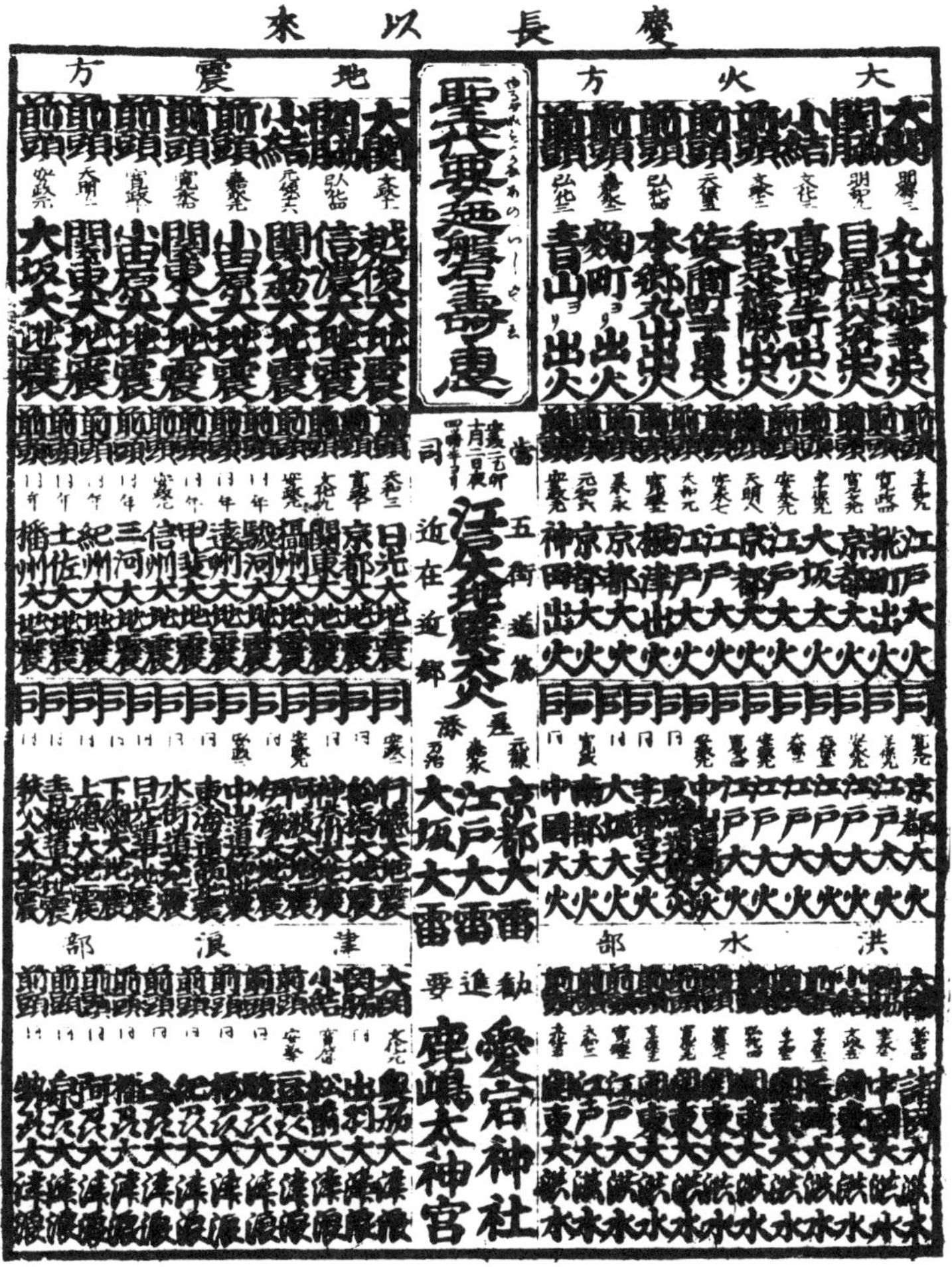

図 37　災害番付（東京大学史料編纂所蔵）

で、翌年の八月には大台風が関東一円を襲って爪跡を残した。

一般に古文書には、大地震の記録や地震当時の庶民の経験・エピソードなどが記されているが、日を追って地震の痛手からどのようにして人々が立ち上り、いかに早く（あるいは遅く）復興したかを語る文書は少ない。幕府や藩城などの被害が、どういう手順でいつごろ修理が完成したかという文書は発見されていることもある。従来の古地震調査は、自然現象としての地震学にのみ向けられてきた。災害に対処した先人の復興の努力を、社会的・経済的な面からしらべることはほとんど手をつけられていない。こういう調査からわれわれとしても、さまざまな教訓を引き出すことができるのではないだろうか。

12　飛越地震

古文書の収集

安政五年二月二六日（一八五八年四月九日）午前一時ころ岐阜県と富山県の境に、いわゆる直下型地震が発生し、両県に大きな被害をもたらした。これを「飛越地震」と呼ぶ。約五年ほど前、私が日本の歴史的な被害地震を調査したことがある。この飛越地震については当時で原稿用紙にして一〇〇枚余に相当する史料が集められていた。かなりの量の史料であるが、整理してみると、震度分布・震源地、規模・被害分布をきめるには、何かもの足りないという感じであった。この地震の性質によるのかも知れないが、もう一つきめ手がほしいという気がしたことを覚えている。こういうわけで、何か新しい古文書がないだろうかと心にかかっていた。たまたま昭和四九年（一九七四）に防災関係の会合の折、岐阜地方の調査をされている方から、岐阜県立図書館に二、三の史料があるという御教示を得た。

いっぽう、私は、やはり五年ほど前から地震関係の古文書の収集をはじめた。動機はどちらかといえば他動的なものであったが、文書の収集をはじめてみると、日本各地に、われわれの知らない貴重な文書が豊富に埋れていることがわかってきた。そこで、どうせ文書の収集をするなら、特定の大地震に関するものばかりでなく、どんな小さな記録でも地震に関するものは細大洩らさず集めるのがよいだろうと考えた。実際にある特別な大地震に関する文書だけを集めようと思っても、そううまく集まるものではない。手あたりばったりに集める方が能率がよいこともわかってきた。そこで一応自分なりの計画をたて、日本中をしらみつぶしにしらべることとし、まず関東からはじめることにした。収集は次の二通りの方法をとることとした。第一には、全国の著名な大学あるいは私立・公立の図書館や文庫の所蔵目録をしらべて、地震に関係のある文書をさがすことである。「国書総目録」を基本に調査をすることとした。東京だけでも一〇以上の図書館があり、調査は大変なものである。第二は各県の県立図書館を一つずつ尋ねて、そこに所蔵されている古文書をしらべると同時に、県内の県郡市町村史（誌）をしらべて地震関係の記事をさがすことである。県郡市町村史（誌）は印刷刊行されているので読みやすいし、その中から文書についての手がかりをつかむことができる。こうして、各地の図書館を尋ねると予想外の文書が発見されることも多いし、郷土史の専門の方を通じ、あるいは県内の古文書所在目録などによって、どこにどういう史料があるかという点について貴重な情報をうることができる。

こういう方針で調査の範囲を東京からドーナツ状に拡げて行った。ついに待ちきれなくなって愛知県を飛びこして岐阜県を調査することにした。それには、こういう理由があった。昭和五一年（一九七六）の東海沖地震のさわぎ以来、古文書の有用性が認められるようになり、特別な予算をいただき、しかも歴史の専門家と協力して古文書の収集が出来るようになった。そこで、地震学的な立場から早急に史料を集めたい地方を提示し、歴史学者から、その地方にどういう史料が残されているかという話を伺い、相談の結果、岐阜地方は有望であるということになったのである。

さて、いっぽう、歴史学者との協力の始まる前からの私なりの予定もあった。飛越地震についてはは金沢市立図書館によい史料があることがわかった。どうして金沢に残っているのかと思った。きいてみると、加賀百万石というのは、加賀の国だけでなく、能登・越中を含めてのことで、加賀藩は越中も支配していたというのである。しかし、越中のうち富山付近の十万石は分家の富山藩の領地である。こんな歴史の常識も持ち合せず、恥かしい思いをしながらがむしゃらに史料の収集をおこなった。別の用事があり数年前から金沢に行く機会に恵まれたので、その度に時間をさいて図書館に立ち寄り史料の収集をさせていただいた。金沢だけでもかなりの量の史料を集めることができた。いよいよ岐阜に行く時機がきた。第一回めは昭和五二年（一九七七）二月、私の以前からの計画にもとづいて単独で県立図書館に出かけることとした。出発に先立って、趣旨を説明した問い合せの手紙を出すと、叮嚀なお返事をいただいた。思いがけなくも、岐阜県立図書館所蔵の高山陣屋文書の中に飛越地震関係の文書が大量にあるというのである。胸をおどらせて現地に行き、コピーを約八〇〇枚とった。そのために宿泊費が底をついて来たし、寒さの中でどうにも我慢が出来ず予定を一日くり上げて帰京してしまった。この中には地震学的に貴重な史料が多かった。五月には歴史学者と一緒に再び岐阜の県立図書館と高山郷土館を尋ねることができた。私一人のときには、毛筆の日記や「留帳」などを一枚一枚めくって地震のことが書いてあるかどうか調べることは、とても出来ない。第一、字がほとんど読めない。歴史学者との協力は万金に価することである。こうして、日記類の中の小さな記事までも集めることができるようになったのである。日記は歴史の基本史料であり、地震学上でも、最も大切にすべきものなのである。高山では毎朝、朝市で新鮮な苺を買ってきて、朝食後のデザートとしゃれこみながら、楽しい収集をおこなうことができた。ここでも数百枚にのぼるコピーをとったのである。

こうして岐阜県と石川県の史料が集まってみると、被害のあった富山県の史料がほしくなる。富山県には十村（大庄屋に相当する）の用留や触留がたくさん残っているという。歴史学者の協力も得られることとなった。折も折、富山県郷土史館の方々が努力して、飛越地震に関する重要文書四点（内三点は富山県立図書館蔵）をよみ下して、印刷刊行された。入手してみると、よい史料を選んでまとめておられる。県立図書館には他の史料もあるかも知れない。心をはずませて八月下旬に富山を訪れた。県立図書館と富山大学付属図書館などで思いがけなくも大量の史料をみつけたのである。コピーにして一〇〇〇枚になるだろう。しかも内容的には岐阜県側の史料に欠けている越中のことをよく記してあって貴重なものであった。その上、多くのスケッチ絵図が発見された。絵図があると被害のようすが一目瞭然となる。絵図は古地震の研究には欠くことが出来ないものである。しかし、従来収集刊行された『大日本地震史料』計四巻には印刷の都合から、絵図は一つも掲載されていないのである。

図38　大鳶山地震絵図（富山県立図書館蔵）

絵図は金沢の市立図書館からも数点見出されている。これと富山で見出された絵図とが飛越地震の研究に大いに役立つことはいうまでもない。富山では天候には恵まれたとはいいがたい。しかし、人々の心からの親切を身に余るほど受けた。史料の収集は大成功であった。こうして、数年かかったものの、飛越地震に関して、関係のある岐阜・石川・富山三県の史料を集めることが出来たのである。研究者冥利に尽きるとは、こういうことをいうのであろう。

飛越地震の問題点

この地震は新史料の発見によって考え直されねばならないが、古文書の解読にはかなりの時日を要するであろう。これまでにわかっている問題点は以下の通りである。飛越地震では震動性の被害が岐阜県北部に生じた。岐阜県北部には跡津川断層という活断層がある。これは神岡の北を東北東—西南西の方向に走っている。岐阜県の被害は、この断層沿いの狭い幅の所に集中している。古文書から被害率のわかる村々は二〇ヵ所くらいであった。しかも断層線から離れるほど被害率が小さくなっている。したがって、この地震は跡津川断層の運動によるものではないかと考えられている。しかし、そう断言するには史料がやや不足である。この点を一層明らかにすることが望まれる。

地震後、大鳶山・小鳶山が崩れた。常願寺川上流の谷が埋まって多くの池ができたらしい。この自然の池が、三月一〇日と四月二六日とに決壊し、常願寺川を泥流が下った。こうして下流に洪水が二回にわたって発生したが、第一回・第二回の洪水で実際にどこが被害をうけたかということは、従来の資料からは摑《つか》みにくい。これは善光寺地震の場合と同じような例で、被害の実体をさぐり、将来に備えるためには洪水の詳しい調査が待たれる状況である。

もう一つの問題点は、この地震の約二時間後に西方の加賀・越前におきた地震との関係である。これは、見方によっては、余震とみられるものであるが、その規模は本震と同じく六・九と推定されている。震源は東経一三六・三度、北緯三六・二度で総被害こそ飛越地震に比して小さいが、かなり広い範囲にわたって被害がみられる。しかし、史料は飛越地震といっしょに記されている。福井県の丸岡では、城内や家来住宅・村方寺院などの潰・破壊が多く、潰二〇〇、土蔵損じ七〇、勝山では城の囲・石垣・侍屋敷・住居向が破損し、大聖寺では潰家もあり、半潰土蔵五十余である。しかし、この地震と飛越地震の中程にある高岡・石動・城端などの被害や震度がはっきりと分けられない状況にある。この地震の震央も、はっきりしない面がある。常識的には飛越地震とかなり離れた所に被害が目立つので、余震とみてよいかどうかもはっきりしない。その詳しい被害域も不明瞭である。もしも、福井県の被害を重要視し、震央はその辺であると考えると、それは跡津川断層の延長上に近くなり、飛越地震の余震とみることもできる。しかし、大聖寺など北の方の被害に重点をおくと、この地震の震央は石川県内になる。そうした飛越地震との関係が何となくあいまいになってくる。こういう点をはっきりさせるには、福井県内の史料も収拾しなければならない。そうして、純粋に史料だけからどういう結論が得られるかを見極めることが必要となる。福井県内の史料収集はまだ着手されていないのである。

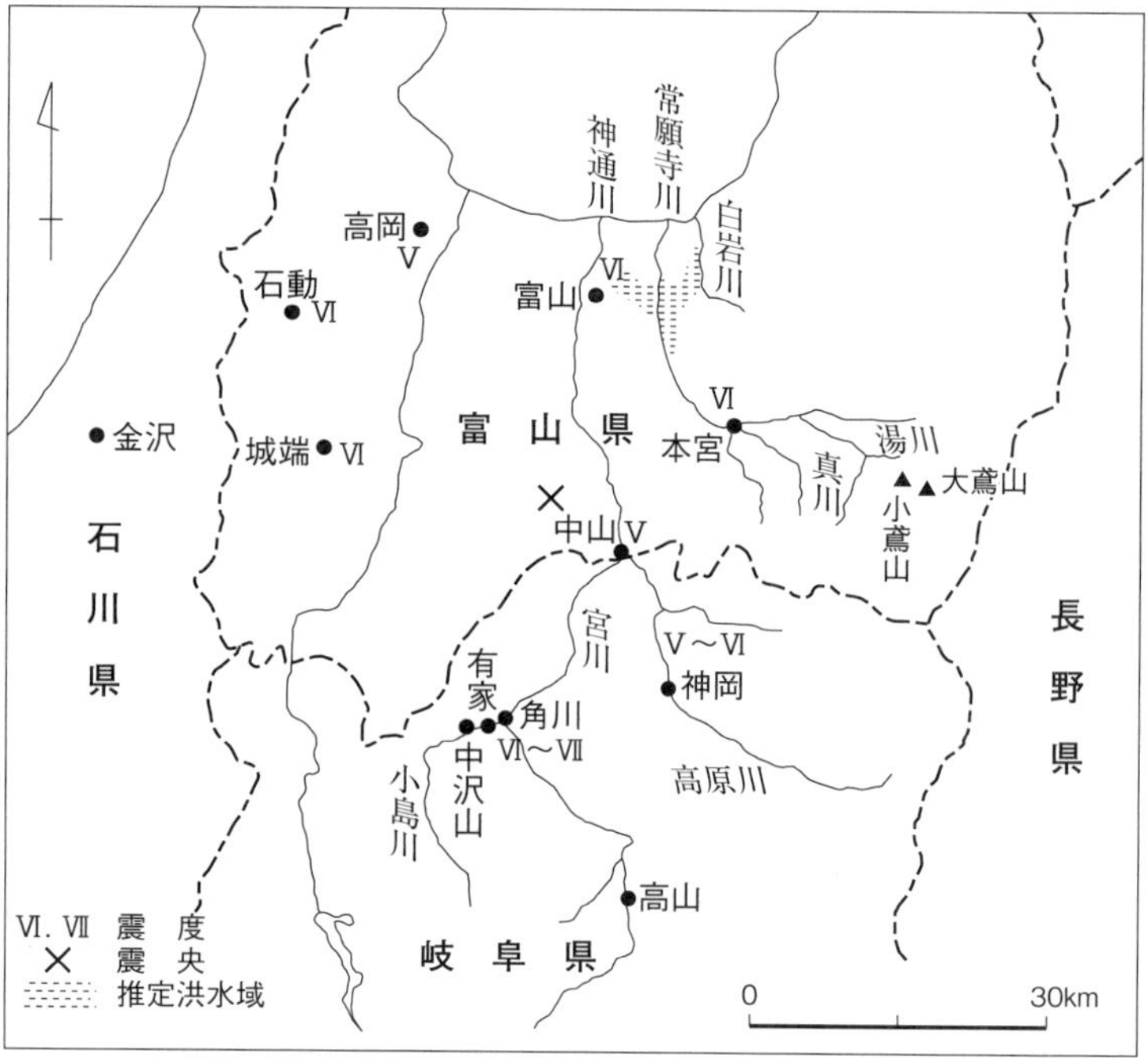

図39　安政５年飛越地震の震度分布

新史料による地震の概要

以上のような問題点に新しく発見された史料がどういう光明をもたらすかは今後の問題である。しかし、いっぽう、新史料を一寸見るだけでも貴重な記述が含まれていることがわかる。そこで、従来の史料に、新史料の一部を加えて、飛越地震の概要をみることにしよう。岐阜県では神通川の上流宮川流域に被害が大きかった。高岡・小島・小鷹利・白川の各郷および照蓮寺領で戸数一二〇九、人口八四五六のうち、全潰《ぜんかい》三一九、半潰三八五、死二〇三、傷四五であったが、宮川沿岸の角川付近では全

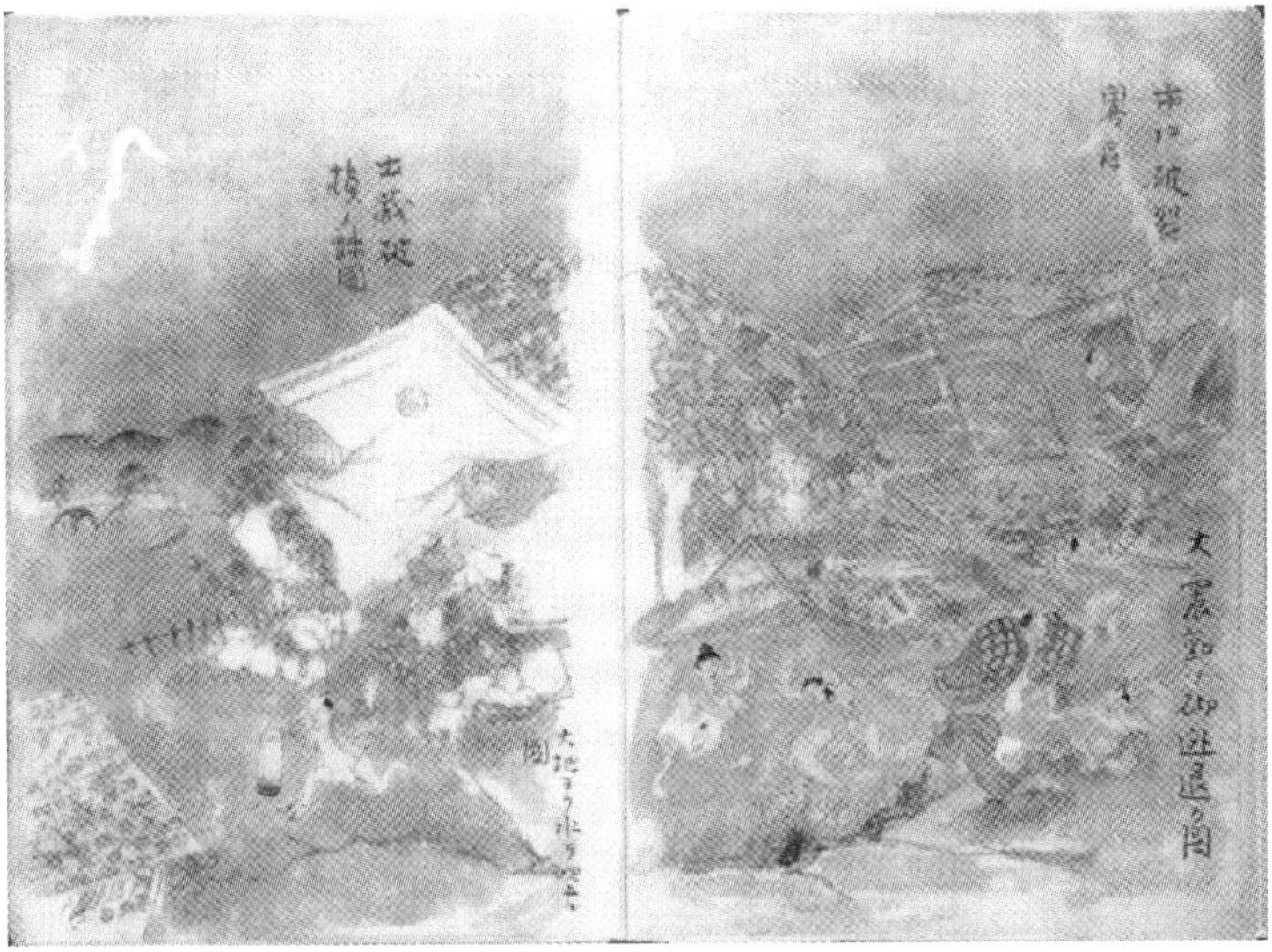

図40　深夜烈震（富山県立図書館蔵）

滅した所もあった。たとえば、角川村では戸数八四、人口五七〇のうち、潰四五、半潰三四、死一九、傷一三であったし、有家村では戸数一五のうち全潰七、残りの八は半潰となり、人口一一一人のうち九人が死んだ。また山崩れが多く、とくに小島川流域がひどかった。山崩れは相当な広さに及んだらしい。この地方は材木の産地であったので、倒木や破損木の詳しい史料が残っている。そういうものから、山崩れ地域の広さを推定できるのではないかと考えている。岐阜県側では震度Ⅵの地域が多い。しかし前にも述べたように、跡津川断層から離れると被害は減る。大体、一〇キロメートル以上も離れると、潰家はない。したがって高山市では被害は殆どなかったらしい。新しい史料によって、被害率のわ

図41　富山城石垣，橋等崩壊之図（富山県立図書館蔵）

かる村々が一〇〇ヵ所ぐらいになった。十分な整理はまだであるが、こういう史料から、飛越地震は跡津川断層の運動によっておこったという考え方は、ほぼ確実となるものと思われる。

富山県側ではどうであったろうか。富山では震度Ⅵと推定される。夜中のことであり、空が一面に赤く見え、流れ星もときたま見えた。人々が「火事だ」と呼ぶほどの赤い空であった。ある商家では親子五人ぐらしであったが、幼児を抱きかかえて逃げ出し、再び家にもどって残っている子供をつれ出し、また家に入ったところ、家が潰れ、夫婦二人は死んだが、つれ出された子供三人は無事だったという。また、ある家の屋根に置いてあった用心水の大釜が地震で飛び上り、約三間はなれたその家のうしろにある商家の土蔵の裏口まで飛来した。しかも、その釜の水は一滴もこぼれず、人がていねいに持ち運んだようだったという。上下動が強かったのであろうか。富山城も塀・石垣・館などの破損が多く石垣が崩れ、橋が落ちたスケッチも残されている。富山城は神通川のほとりの沖積地にある。大地がいたる所で割れ、一尺にも及ぶ高低差がついたり、割れ目から水を噴き出したりした。郊外の村々でも、同様な、あるいは、もっと大きな被害があった。神通川河口の四方では塩蔵が全滅し、漁網流失一二、漁船六が大破した。高岡や伏木でも大地が裂けて水を吹出したし、中には半年もふさがらなかった大きな裂け目もあった。石動では潰家九二、街道筋の松五二本が倒れたという。さらに、金沢でも崖崩れ、土塀の崩れ、橋の落下などの被害があり、富山平野から西の加賀にかけて、大被害をもたらした。

泥洪水

現在ではアルペンルートが開通し、富山から立山を抜け黒四ダムを通って大町まで一日で行けるようになった。美女平から立山にゆく自動車道路の南に常願寺川に流れこむ湯川・真川の谷がある。飛越地震のとき立山連峰の高峰である大鳶・小鳶の山およびその向いにある山々が崩れ湯川の谷を埋めた。その谷ぞいにある立山温泉は土砂の下に埋まった。しかし幸に湯治客はなかったが、普請のためにいた人夫三六人余が埋もれてしまった。中地山では熊をとりに行き山麓で一泊した狩人一一人が土

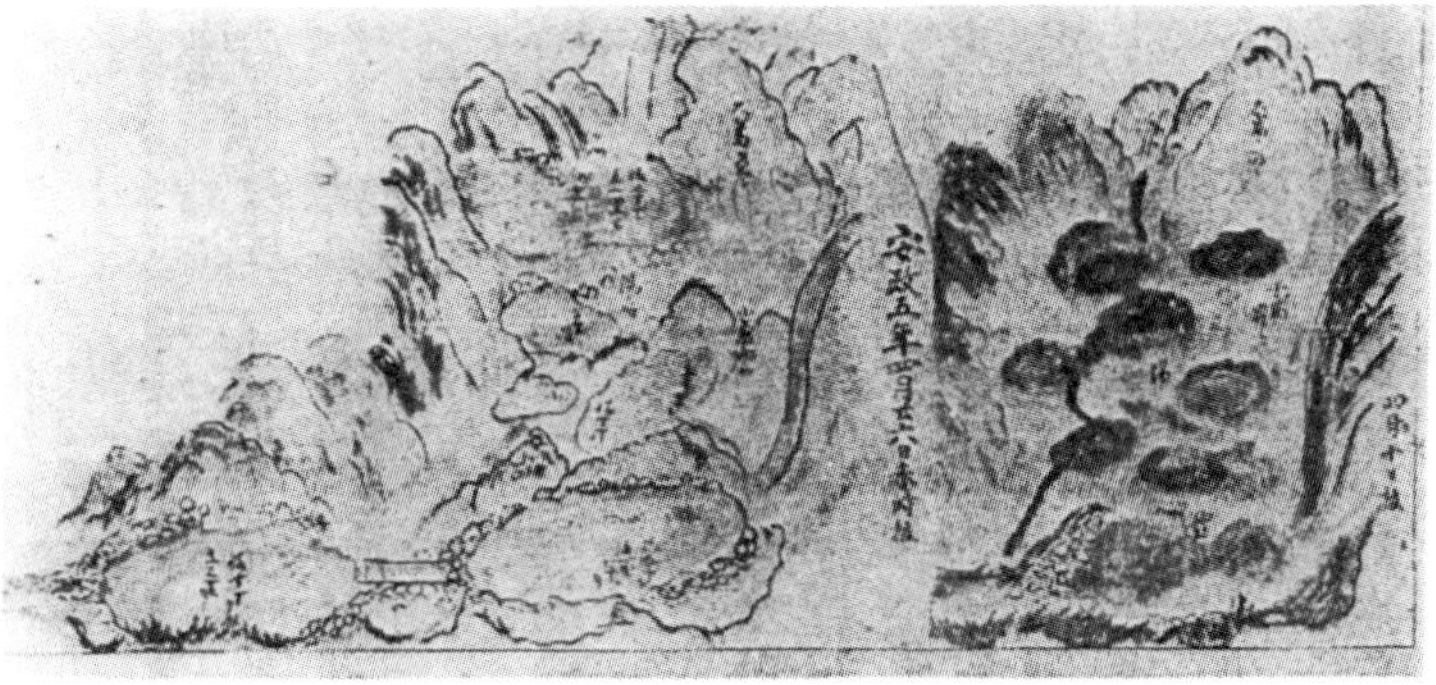

図 42　大鳶，小鳶山抜図（富山県立図書館蔵）

砂に埋まった。また、崩れた岩・土砂・大木が谷に流れこみ三〇キロメートルも下流の岡田という所まで埋まってしまった。湯川に合流する真川の谷も土砂で埋まってしまった。このように、谷の各所に土砂が埋まって川をせきとめている。その土砂の下から岩を浸み通って水が流れているけれども、その水量は平常の半分ぐらいで残りの水はどうなっているのかと心配になってきた。このようにして、流れがせきとめられ、水位は次第に高くなり、大きな湖水がいくつも生まれるというありさまであった。

そこで二月二七、二八日ごろには上流の村から、村送り状が出て、上流でせきとめられた水がいつ決壊するかも知れないし、もしそうなれば富山城下にも洪水が押しよせることになるという、そういう情報が入り、二八日の夜になると富山城下も危いということで避難がはじまった。しかし人々によって考えが異なり避難した者もあるし、ふみ止まっている者もあるという状況であった。こういうありさまは現代にもよい教訓となるであろう。もし避難命令が出たとしても、現代人はどのように行動するのであろうか。当時の実情の詳しい調査が参考になると考えられる。そうこうしているうちに、三月一〇日午前一〇時に真川が決壊をした。午前一〇時ころ山間に鳴動が生じ常願寺川一面に大岩・大木などが一気に流れ下った。当時の文書には「泥洪水」という言葉が使われている。実感のこもった表現である。その勢いはもの凄く、中流の芦峅寺では二〇〜三〇間くらいの大岩が流れて来たというし、富山平野の水田の中には、当時流出した大岩が今でも残っている。岩峅寺には二八坊があったが川の近くにあった八坊に水が押入ったという。

洪水は一度ならず二度までも富山平野を襲った。それから一ヵ月半たった四月二六日午後二時ころ再び泥洪水が押しよせた。今回は湯川の谷が決壊した。前回よりも泥も薄く流木も少なかったのがせめてもの幸であった。しかし水嵩《みずかさ》は、岩峅寺で一丈五尺、白岩川で四〜五尺と、前回よりも高かったという。泥水は神通川・常願寺川に入った。一回めの洪水は常願寺川の東に、二回めは西に被害が大きかったという。この前後二回にわたる洪水の被害は、加賀藩領だけで一三八ヵ所、二万五八〇〇石の用地が荒廃したし、富山藩領では一八ヵ村、七三八〇石の田地が潰《つぶ》れた。加賀藩での流失・潰・泥込家一六一二軒、溺死一四〇、被災者は八九四五人に上った。

この地震はグレゴリオ暦では四月になるが、立山はまだ雪にとざされている時期である。当時は滅多に山に入る人もなかったであろう。変事があるとすぐに見分の者が派遣されたが、山崩れの現場まで達することができず、遠くから山のようすをしらべて報告するというありさまであった。

この二回の洪水によって、どこに泥が入り、藩がどのような対策をとったか、また、どこの田地がどのようになったかということについての詳しい絵図を手に入れることができた。災害の復旧という面からも詳しい調査を進めたいと思っている。

余談であるが、この地震で立山山中の刈込池付近が大音響とともに黒煙を上げていた。孫刈込池はこれまでは冷水であったが、急に熱湯となり、湯気をふき上げた。新湯地獄がそれであるという。また、いろいろなエピソードも伝えられている。そのうちの一つに、第一回めの洪水のとき常願寺川河口で泥・流木がうずをまいている中に、大きさで四～五間もある怪獣（鯨のような）が見えたという。その姿が見えなくなってからも、青く光る火が出没したという。もう一つ、立山温泉の農家で村から離れた所にある一軒家があった。地震の前日二五日の昼間、幾百という雀が屋根の上に群がって鳴きさわいで、うるさいくらいであった。これは、平常は鳥も集まらない所であり、家族一同怪しく思っていたという。前兆の一つだったのだろうか。しかし、この話を伝えた人はしっかりしていて「偶然の事かは知らねども　変なる咄《うわさ》故印す」といっている。

その後の成果

旧版出版以来今日まで約三十五年、この間に多くの古文書の収集が出来た。その結果明らかになっ

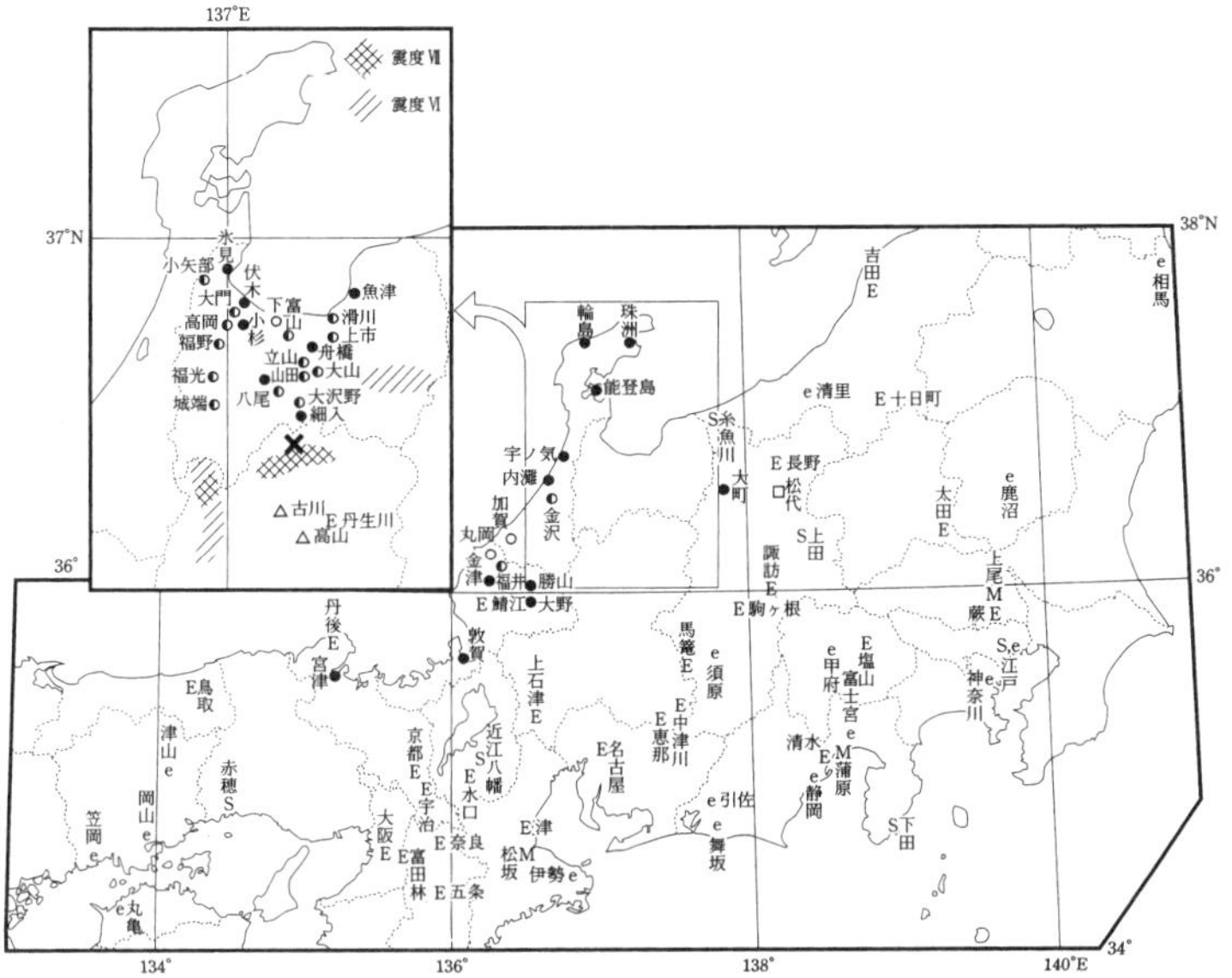

図 43　安政５年飛越地震の震度分布（『日本被害地震総覧 599-2012』による）

た基本的事項の一つは震度分布が明らかになった事である。東は福島県から西は岡山県まで揺れた。この結果一七三頁に記した二時間後におきたと思われた加賀など西方の振動は本震によるものであると考えられるようになった。震源地付近は震度Ⅶと推定される。二つ目はこの地震を起した主断層が跡津川断層であることがはっきりした点である。図44は各集落ごとの潰家率と断層を示したもので、跡津川断層の近くで潰家率が高く、そこから離れるにつれて率が低くなる様子がよくわかる。

この地震については立山地方の山崩、川の閉塞、自然堤防の決壊による常願寺川・神通川の溢流、木曽の材木の被害など興味あるテーマが沢山あるが、どういうわけか

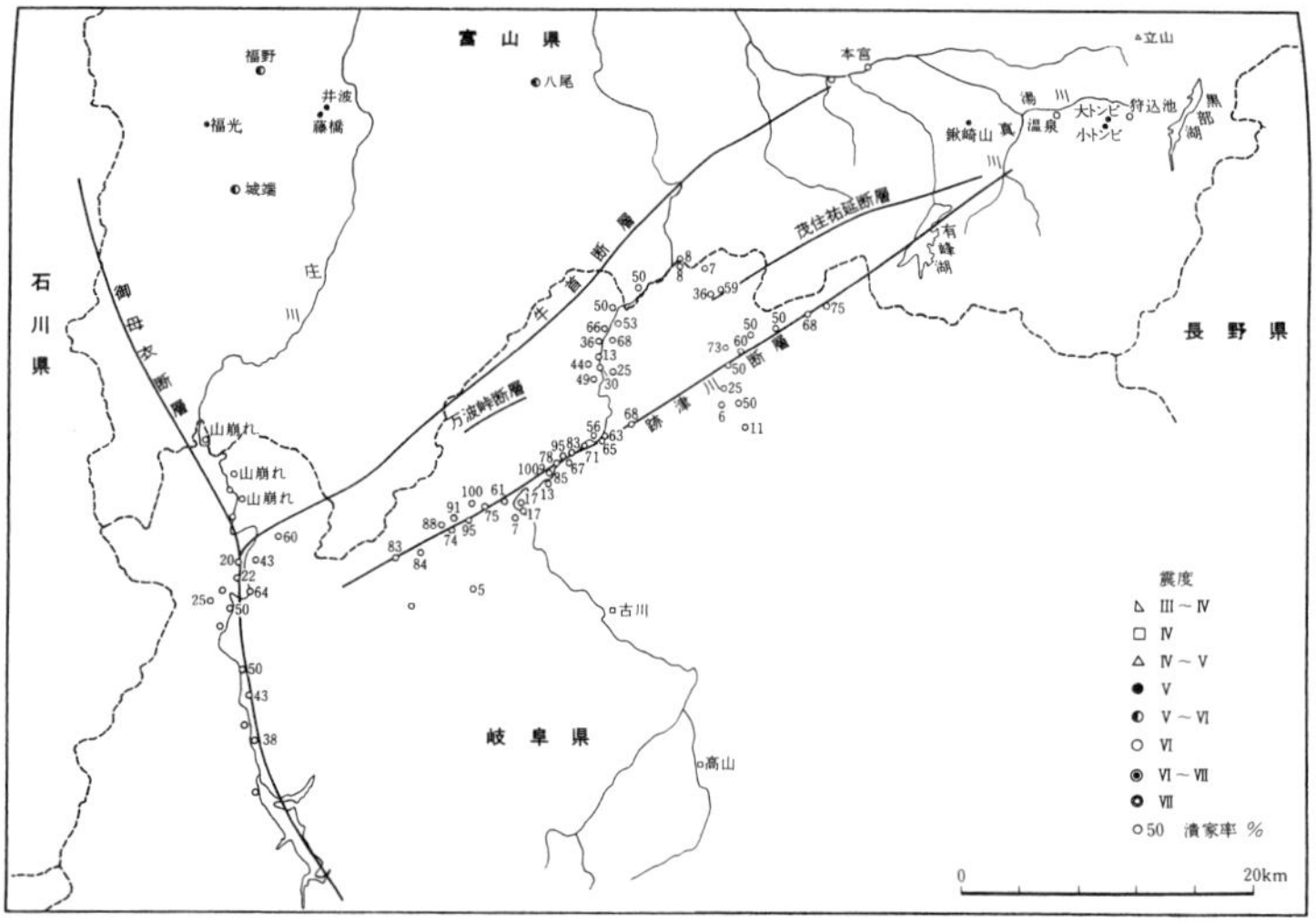

図 44　安政５年飛越地震の潰家率（『日本被害地震総覧 599-2012』による）

この地震の研究は進んでいない。前述の善光寺地震の研究も進んでいない。研究にも流行があって、東南海地震の研究ばかりに集中している状況は将来のためにならないであろう。

古文書を地震学に生かす

古文書の信頼性

古地震ブームになって、最近は昔の地震の記録を読む機会が多くなった。明治初年、日本に近代地震学が生まれたのであるが、それ以後の地震の記録は科学的にはなったものの読んでいて面白味がない。地震に対する人間の反応が記されてないからである。これに比べると、江戸時代末までの記録はエピソードが多く、地震が強かったか、どうゆれたか、どう逃げたか、どうして助かったか、それから以後の衣食住はどうしたかということが克明に記され、地震そのものの研究にも、災害対策上にも有益である。

しかし、面白がってばかりはいられない。古い記録の信頼性の限界を心得ていなければ誤った結論に導かれることもある。古記録の信憑性は、地震学の立場からみると、書かれている内容そのものの信頼性と、記録にどういう範囲のことが書かれているか、いいかえれば記録洩れがないかという二面から考えることができる。

地震の年号・日時・科学的に非常識な記録など、容易に判断できる記録の誤りがある。こういうものは編さん物に多い。安政二年一〇月二日の江戸地震の死者が二〇万人というのはこの例である。織豊時代の宣教師関係の文書では、いくつかの大地震をゴチャマゼにして一つの地震のように書いているものもある。古地震の史料がよく収集・整理されているのでこういう誤りは、すぐにわかるようになった。

一般に地震関係の文書には偽物はないと考えてよいであろう。しかし、写本の類が多く、転記の誤りや、誤伝は注意しなければならない。私は昭和五二年（一九七七）から、史料の収集を国史学者と協同でおこなうようになった。その過程で、編さん物——たとえ藩史・藩記録であっても——よりも町方・村方の基本史料を重視する気持ちが強くなってきている。そういうものが史料的にも基本であるばかりでなく、地震を調査する立場からみても、ひろく災害地の各村や町の詳しい状況を把握することに重要だからである。別の見方をすれば、いい伝えよりも体験談のほうが、抽象的・概括的なものより具体的記述のほうが信頼できるということである。安政二年一〇月二日の江戸地震では亀有方面で地変が多く、田畑が小山のように盛り上がったとか、およそ三万石の潰《つぶれ》とかいう記録があるが注意してみると、いずれも「……の由」、「……とぞ」とかかれている。こういう史料にひかれて震源地は亀有付近と考えられたこともあった。最近になってこの地震に関する新史料がたくさん集まり地変に引かれて震源地を亀有にもってゆく必要のないことが明らかになった。

村方の文書は、被害者の名前も出ており、信用のおけるものと思っていたが、つい先頃、次のような文書を発見した。宝永四年一〇月四日の、いわゆる宝永地震のときの静岡県岩本村（富士川沿い）

の記録で、国文学研究資料館所蔵のものである。これには「地震で家が潰れなかったけれども、嘘を申し、地震で家が潰れたと申し上げ……」ということが記されている。こういう事例があると村方文書の内容をどこまで信用したらよいかという問題がおきてくる。解答はまだない。いずれにしても地震後の復旧ともなれば金銭がからんでくる。水増しもあるだろう。どのくらいの水増しかわからないが、地震学の常識からおかしいと気のつくこともある。城の被害についても同じであろう。江戸時代は城の修復は思うに委せなかった。前からあった修理予定個所も地震によるものとして申告することもあると思われる。こういう記録の嘘を見出す適当な方法は見当たらないが、広く、かつ大量の史料を収集し比較することが基本であることはいうまでもない。

広汎・多量な史料収集の必要性

古地震も幕末になると、かなり詳しい調査結果が残されているが、町方・村方のものが多く、武家・社寺にわたる被害の詳細な史料は比較的には少ない。また、江戸時代は藩領・天領・社寺領などが複雑に入り乱れて存在したし、遠方に飛び離れて領地をもっている場合もあった。したがって、ある地方の被害をしらべるには、こういう基本的なことを承知の上、かなり広汎に史料を集めないと洩れがあることになる。

弘化四年三月二四日の善光寺地震当時、善光寺の町には、幕領・善光寺領・松代藩領・椎谷藩領が混在していた。したがって調査をおこなうには各領主・代官等の資料をくまなく調べねばならないことになる。しかし、理学者にそういう常識はない。恥を申せば、安政五年二月二六日の飛越地震の越中の調査には富山藩の史料をみればよいものと思っていた。ところが越中の大部分は加賀前田藩の所領で、富山藩はその約四分の一の十万石を領していたにすぎないことを知った。知行地の記録が主になることは当然である。また、現代のように『〇〇地震調査報告』といったような総括的史料のない時代である。史料の収集に細心の注意と計画性が要求される。

記録があっても、武家方・社寺方・町方・村方の被害について平等に、同じウェイトで記されている文書はまずないといってよいであろう。たびたび述べる安政二年の江戸地震では町方の死者・潰家の調査は二回おこなわれ、死者四七四一人、潰家一万四三四六軒一七二七棟、潰土蔵一四一〇という記録が残っているが、武家方・社寺方については死者数さえ不明である。これに反し享保一〇年七月七日の信州高遠の地震では、高遠城内の被害については詳しい史料が残っているが、城下の被害についての史料はまだ見出されていない。本当に被害がなかったのか、あったけれども文書が未発見なのかは、地震学上では大きな問題なのである。

南部藩の記録である『雑書』は正保元年から天保一一年まで約二〇〇年にわたって残されている。これには地震の記録が比較的多い。正保—正徳ころには年間一〇回くらいの地震の記録があるが、明和ころからは地震記録が激減し、特別な大地震のみが記されている。各時代での記録には規準があったのかもしれないが、それがどういうふうに変化したかも不明である。地震は息の長い現象であるから、長期にわたる一定の規準にのっとった記録があることが望ましい。せっかくの『雑書』も地震活動の長期変動の研究には十分でない。同じ南部藩の儒者の『北可継日記』が残っている。これにも地震の記事が詳しい。宝永・正徳ころには年間約二〇回の地震が記されている。『雑書』に比べると約二倍である。このことから『雑書』は、すべての地震を記録したものではなく、かなり目立つ地震だけを記録したことが窺える。

このように、史書にどういう範囲のことが記録され、また記録されていないかを知ることが研究のもとになる。せめて記録されていることから、記録されていないことを推定する手がかりが残されていれば有難いが、古史料についてそういう望みは少ない。十分な史料のないときの、お先走った結論は百害あって一利もないであろう。やはり広汎にかつ多量に史料を集めることから始めなければならない。しかし、記録洩れに対する現代科学の立場からの推定は可能である。享保一〇年の高遠の地震にしても、城の絵図に記された被害状況が詳しくわかっているのであるから、城と城下の地盤を調査し、当時の町家の強度が建築学的にわかれば町方の被害について、かなり正確な推定もできるであろう。こういうことは地方自治体の災害対策上、重要なことである。学際的な研究であるが、基盤はすでにでき上がっている。協力のキッカケさえあれば、急速に発展する分野であろう。

被害・震度の推定

古地震の調査の第一歩は、文書から各地点での被害・震度を推定することである。それに基づいて被害分布・震度分布が得られる。震度の推定には家の倒潰ばかりでなく、墓石の倒伏、天水桶の水の溢出《いっしゅつ》など、いろいろな現象が使われる。被害の場所、被害の実数がわかっても、十分ではない。村ごとの被害率が重要である。震度の場合にも、墓石が一つ倒れたということでははっきりしない。墓地内の倒壊率がわかればそれにこしたことはない。そのためには、村の人口・戸数・石高などがわかるとよいが、地震関係の史料で、そういうことまで記してあるものは少ない。村況を示す史料をさがすことは、地震学者の手にあまることであり、しかも、地震のあった時点のものでなければ有効ではない。

近頃は地方史ブームで、地方史関係の資料の中に、目的の史料を発見できる場合も稀にはあるようになってきた。郷土史家の御協力を願うところである。

もう一つの問題は、当時の建物・橋・水路・石垣・塀などの強度がどうなっているかということである。震度は現代の震度階を参照してきめられる。これは現代の構築物の強さを規準にして定められている。構築物の強さは、その種類・時代・地方によって異なるだろう。前述の宝永地震のときの岩本村では、潰家惣数七二七軒、そのうち歩行《かち》役小家は五三二軒、残りの一九五軒は船役人・伝馬役人の家であった。総家数はわからないが、この数からみると全滅に近かったのではないかと思われる。

気象庁の震度階級では家屋の倒壊三〇パーセント以上が震度Ⅶである。これをそのまま適用すると、震度Ⅶとみてよいであろう。

そうなると、宝永地震のときに駿河湾底の、いわゆる南海トラフが割れたと主張する根拠が一つ増えることになる。そうすると、安政元年一一月四日の東海沖地震でも駿河湾底が割れているのであるから、昭和一九年の東南海沖地震で駿河湾底が割れていない現状が、そう長くつづくわけはない。つまり、次の東海地震のおきるのは、そう遠くはないだろうという話につながってくる。そういう可能性をもっているのであるから、当時の震度を一つきめることも現代に大きな影響を与えることになる。勿論この話は、もし、岩本村の震度がⅦならばという仮定の上のことである。

岩本村は甲州方面と東海道を結ぶ交通の要路であったらしい。歩行役とは富士川の渡しや、伝馬のための人夫であったろう。その家は、柱は掘立てで石の土台もなかったろう。また、勿論床もなく土間で生活していたと思われる。——私の想像で、こういうことにも詳しい考証が求められる——現在、そういう家は日本中どこにもないであろう。建物の強度はどのくらいだったかは不明だが、震度はⅥの小さいほうかⅤくらいと見てもよいのではないだろうか。

震度の推定に困惑する場合は非常に多い。模型を作って実験をすることも容易と思われるが、まだ手がつけられていない。かといって手をこまねいているわけにはゆかないので、建物の強度を現在のものと同じとして震度をきめ、それから一〜〇・五を差引くのがよいのではないかと考えている。

しかし、城の石垣・天守、あるいは有名大社寺などには、現在みられる強度をそのまま適用できるのではないだろうか。多少の強度の差はあるにしても、たとえば江戸城の石垣の強さは現在も江戸時代も同じとみてよいだろう。こういうものの被害が記されていれば、震度を十分の信頼性をもって推定することができる。しかし、建物の老化に伴う強度の低下や、修理による強度の復活などの問題は残る。

古地震の調査・研究は、まだ古地震学と名づけるほどにはなっていない。しかし、古い地震の多方面からの見直しが、現代生活にまで深くかかわることのあるのも事実である。また、古地震の研究は、地震学とその関連科学である建築学・土木工学などの他にも、国史学とのかかわりもあり、学際的なものである。とくに自然科学と人文科学にまたがる数少ない分野である。さらに、古地震による地変のあとを尋ねたり、埋没されているものを発掘したりして、古地震の存在を文字以外から確認することも必要で、そのためには、地質学や考古学とも深くかかわってくる。

地震予知研究の推進には、古史料の収集と整理・出版が基本である。少なくとも地震学者に参加していただくためには、毛筆の文書を読むという手数をふまずに、原史料に接しうるようにしなければならない。このこと自体が学際的な大事業である。目下は、史料の収集は学際的な協力の下に加速度的に進んでいるが、整理・印刷が隘路《あいろ》になっている。また、数少ない地震学者が日本中の古今の地震の調査をするのも大変なことである。土地勘のある各地の郷土史家の参加が得られれば、急速に研究も進むし、それは各地の災害対策上、有効な資料となる。こんな気運の生まれることを心底より期待している。

その後の発展

旧版出版以後約三五年がたち、古地震関連の仕事も大いに進歩した。私どもが集めた史料は逐次印刷され全体で二万ページに及んでいる。そのすべては各県立図書館に寄贈してある。

又私が昭和五九年に初めて開催した「歴史地震研究会」は毎年九月に定期的に行われるようになった。会場は日本各地を順に廻り、講演会の後には「巡検」と称して、その地方にあった過去の大地震の痕跡をまわって知見を拡げている。講演数も年々増えて二日の日程ではこなし切れないような状況である。又半日は地元へのサービスとして地震に関する一般講演会を開いている。

収集した史料のうち、被害地震のみをとりあげて解説をした「資料日本被害地震総覧」を昭和五〇年に発刊し、そのころにはまだ古文書の収集を始めていない時だったので先人の収集した史料を使った。その後、約十年ごとに改訂を行い、昨年には四回目の改訂版「日本被害地震総覧 599–2012」を刊行することが出来た。この書は専門書ではあるが、わが国の地震を概観する基本的な書籍であると思う。

我々の古文書による地震研究とほぼ時を同じうして寒川旭氏により「地震考古学」が提唱され、いろいろな調査が行なわれるようになった。遺跡の調査のときに表われる液状化跡などの地震の痕跡をしらべ上げるもので、大変な努力と年月が必要であるが、着々と進んでおり、文字史料では未発見の地震の存在も指摘されるようになっており、古地震を調査研究するための重要な手段となっている。そのおもな成果は前述の「日本被害地震総覧 599–2012」にも採録されている。

あとがき

今年はすでに正月十四日の大島近海地震、六月四日の三瓶山付近の地震、同月十二日の宮城県沖の地震の計三回の被害地震が発生している。被害は新聞紙上に詳しく報道され、いかにして被害が発生し、どうすれば同じ被害を繰り返さないですむかを教えてくれる。しかし、われわれ専門の者からみれば、大島近海地震の土砂崩れ、宮城県沖地震のブロック塀・壁、あるいは石の塀の倒壊は、当然おこるべくしておきたものである。地震の時被害があったと騒いでもいたしかたない。平常時に、家や道路を作るときの心構えが被害をふせぐのである。けわしい山を切りひらいて道路を作ったり、ブロック塀を作ること自体を、地震国といわれるわが国においては、考えなおさねばならない。私の父は建築を業としていたが、ブロック塀を頼まれると断った。どうしてもというなら、他の人に発注してくれるように頼んでいた。地震の時にまず倒壊することを経験上承知していたからである。被害対策上注意すべきことはいろいろあるが、それらがどれだけ日常生活に生かされているであろうか。注意事項が多すぎて、かえって関心がうすれるということもあろう。しかし、基本的なことは今も昔も変わらない筈である。歴史を通じて、庶民の生々しい体験を通じて注意事項を再確認することは、単なる標語や箇条書的な心得よりは、深く記憶に止まるであろう。

本書ではなるべく地震時のエピソードを多くとり入れて、歴史的な大地震を見なおしてみた。同時に地震学的事項も記すように心がけたので、舌足らずの所もある。特別な大地震については史料も豊富で書きたい事も多く、エピソードの選択に困った。いっぽう、比較的小さい地震では、利用できる史料も不十分であり、記述が尻切れトンボのようになってしまった所もある。小説ではないので、史料の行間を想像でうめる事はしなかったし、できるかぎり史料につかわれている表現を保つように心がけたので、読みにくい点もあるかと思う。読者の御寛容を乞う次第である。しかし、本書を通じ、古い地震記録を発掘調査することが、災害対策、その他の面でいかに大切であるか、多少ともわかっていただければ筆者の幸、これにすぎるものはない。

本書の第一～第一二章は昭和五二年の一月から一二月にかけて日本気象協会発行の「気象」に連載したものである。また、最後の章は同五三年二月の東大出版会発行の「UP」に掲載されたものである。いずれも、今回転載するに当たって殆ど手を加えることはしなかった。心よく転載を認めて下さった日本気象協会、東大出版会に感謝する。「はじめに」は今回の出版にさいして、地震史の研究の重要性を認識していただくことを願って新しく加えられたものである。

本書を通じ古文書の収集が大切であることがおわかりいただけたと思う。私は目下、古地震史料の収集を心がけているが、なかなか日本全国には手がまわらない。読者御自身、あるいは知人などで、地震史料にお気付きの方は御一報いただきたい。古い日記の中に「じしん」と三字書いてあるだけでも、その場所と日時がわかっていれば役に立つ。また、郷土史に印刷されているものでも結構である。地震に直接・間接をとわず関係のあるものであればどんなものでも役に立つ。日本全国の同好の方々の御援助を得て、多くの史料を収集し、日本の地震史を再構成すると同時に、地震対策上にも役立つようにしたいと念願している。

本書を作るに当たって「そしえて」の増田巌氏にはいろいろとお世話になった。心からお礼を申し上げる。

昭和五十三年七月　ケンブリッヂにて

著　者

新版への「あとがき」

古い地震をしらべるためには、古文書の収集が重要なことは分っていただけると思う。私はこの仕事を始めてから、そろそろ四十年になるが、日本中に未発見の地震史料はまだまだ沢山あると思われる。一方では旧家の蔵が日本のどこかで、毎日のようにとり毀されているこの頃である。史料の収集は急がねばならない。老骨に鞭打って続けているが、ノウハウを若い人にゆずり渡す努力もつづけている。

読者の近くに古文書に関する情報があったら是非御教示を戴きたいと切に願っている。

新版を出すに当って丁寧な解説をいただいた松浦律子さんに感謝いたします。

平成二十六年六月九日

著　者

表7　震度階

1949〜1996（昭和24〜平成８年）
『地震観測法』（昭和27年発行）による

0：無感（No Feeling）
人体に感じないで地震計に記録される程度
加速度0.8gal（cm/sec^2）以下

Ⅰ：微震（Slight）
静止している人やとくに地震に注意深い人だけに感ずる程度の地震
0.8〜2.5gal

Ⅱ：軽震（Weak）
大ぜいの人に感ずる程度のもので戸障子がわずかに動くのがわかるぐらいの地震
2.5〜8.0gal

Ⅲ：弱震（Rather Strong）
家屋がゆれ，戸障子がガタガタと鳴動し，電燈のようなつり下げ物は相当にゆれ，器内の水面の動くのがわかる程度の地震
8.0〜25.0gal

Ⅳ：中震（Strong）
家屋の動揺が激しく，すわりの悪い花びんなどは倒れ，器内の水はあふれ出る．また歩いている人にも感じられ，多くの人々は戸外に飛び出す程度の地震
25.0〜80.0gal

Ⅴ：強震（Very Storong）
壁に割目がはいり，墓石，石どうろうが倒れたり，煙突，石垣などが破損する程度の地震
80.0〜250.0gal

Ⅵ：烈震（Disastrous）
家屋の倒壊が30％以下で山くずれが起き，地割れを生じ，多くの人々は立っていることができない程度の地震
250.0〜400.0gal

Ⅶ：激震（Very Disastrous）
家屋の倒壊が30％以上におよび山くずれ，地割れ，断層などを生ずる
400.0gal 以上

注　これは現行の気象庁の震度階級（10階級）とは異なるが，これの方が古い地震の調査には適していると考えられる．

『大地震　古記録に学ぶ』復刊に寄せて

松浦律子

本書は有名な江戸時代の九地震と三地域の地震被害に関して、一般向けにそれぞれの地震が、どんな地震であって、どんな被害があったかを、史料解析の結果に加えて、主として史料に書かれている実際の体験者の記述などを用いて平易にまとめたものである。さらに古文書から古い地震をどう調べるかについて書かれた章が加わっている。東日本大震災の津波被害は、貞観地震のことを幾ばくかでも知っていれば軽減できたであろうという反省の元、昨今歴史地震が一大ブームとなっている。この本は三分の一世紀も前にその「歴史地震に学んで将来の地震に備えよう」と、書かれたものである。今日復刊される意義は大きい。

著者の宇佐美龍夫先生は本来理論地震学という、物理数学を用いて弾性方程式の解を解析的に求めるという極めて数理的な研究分野の理学者である。本書発行当時先生が所属されていた東京大学地震研究所は、一九六〇年代末の七〇年安保闘争が吹き荒れた大学紛争最盛期にはまるで別世界のように極めて平穏であった。その反動のように、安保条約継続が決まって大学紛争が急激に終息したのに入れ替わって、あたかもその残り火が集中した様な震研紛争という混乱に昭和四十五年から四年間停滞した。宇佐美先生は本来の数式と格闘する研究は手に付かなくなったようである。代わりという訳ではなかろうが、紛争中に細々個人でできることとして地震被害に関する史料を見始めたようである。紛争終了から程なく、歴史地震に加えて明治以降の被害地震も加えた専門家向け地震被害カタログとして、「資料日本被害地震総覧」を文部省の出版補助金を得て上梓された。それが契機となったか、紛争収拾から程なく、当時の大澤胖所長は宇佐美先生を研究所の歴史地震に関する史料の収集担当と任命された。宇佐美先生が元々歌舞伎など和物を好まれているから、大澤所長は軽い気持ちで割り振られたのかも知れない。後から思えばこれは天命だったと言えよう。その後宇佐美先生にしか成し得なかった質と量とで、主として近世の地方文書で地震に関する部分を継続して精力的に収集・公表・解析され、昭和五十九年には現在は発展して学術団体となった歴史地震研究会も立ちあげたのである。

まず昭和五十一年から三年計画で科学研究費を得て、東大史料編纂所と共同で積極的に各地の史料を収集することを開始された。さらにその継続として昭和五十四年から大型共同研究としてさらに大がかりな収集事業が五年計画で、今度は地震予知計画の一部としてスタートした。その頃になると、古文書を読める人手として、宇佐美研究室のスタッフだった上田和枝さん、東大理学部地震学教室の故伊藤純一博士だけではなく、史料編纂所に出入りする大勢の文系女性陣の助力を得るようになった。

手分けして各地へ出かけては、地震に関係ある文書を収集して読み下し文を作る、という膨大な作業をされていた。その中には現在も史料編纂所で地震に限らず史料編纂に携わって居られる方や、この収集事業をきっかけに安政江戸地震後の社会に「災害ユートピア」を見いだし、災害史の泰斗となった北原糸子前歴史地震研究会会長も居られたのである。これらの成果は昭和五十五年から印刷経費が配分されたことから、「新収日本地震史料」として発行・公表され始めた。「新収」は地震研究所の所員には全員配布されたので、年毎に厚さが増して続々と発行されていく「新収」が所内のどの部屋でも書棚にどんどん並んでいった。当時後にこれを精読する羽目になるとは露ほども思わない地震研の大学院生だった私は、「今年の宇佐美先生の本は箱枕を越えちゃったねえ」などとその厚みにのんきな感想を口にしていたものである。先生の地震史料収集は収集に留まらず、歴史地震に関わる研究者を育成する契機になった。また私のように何が書いてあるかの見当がなければ古文書を読めない理系の者にも、過去の地震を解析する機会を与えている。さらには、理系ならではの大胆さで手早く史料公開して、史料の利用と保存を促進する雛形を世に示した点で、歴史系研究者へのインパクトも少なからずではなかったかと想像する。

さて、本書の旧版は、このように地震を理科的に調べるために、史料収集という文系事業を進めつつあった宇佐美先生が、先生の古巣である気象庁の広報誌だった月刊誌『気象』に昭和五十二年「大地震史話」として一二回連載されたものを、地震の発生年順に並べ変え、さらに翌年二月東京大学出版会の月刊誌『UP』に掲載された小文を加えたものである。執筆時期は「資料日本被害地震総覧」を出された後で、宇佐美先生が田山実や武者金吉が収集した地震史料集を一通り解析された後ではある。しかし、宇佐美先生ご自身の史料収集は漸く事業として走り始めたばかりの時期であった。先生の収集はその後信州大学に移られると善光寺地震など信州方面の史料が充実した。さらに退官後は史料収集の地の利を考えたのか、浅草生まれが近畿に居を移されて、「日本の地震史料拾遺」として史料集の発行も継続されている。卒寿の現在まで実に四〇年近く、規模は変われど営々と地震関係の史料収集およびその公表を続けて居られる膨大な成果を考えると、本書は実にそのごく一部だけが紹介されているに過ぎないのである。今回の復刻にあたって、ご高齢を押して、その後の進展をごく一部ではあるが加筆された部分がある。また、旧版にあった現地の写真が省かれ、替わって私も改訂に参加させて頂き、昨年刊行された被害地震総覧の最新刊である『日本被害地震総覧 599-2012』から、この四〇年間の史料収集の成果である細かい震度分布図が加えられた。阪神大震災以降地震予知計画は私からすれば不当に指弾されたのだが、予知計画がなければスタートし得なかった「昭和後期の地震史料収集事業」は、宇佐美先生によって推進されて、着実に成果を挙げていたことが、図書館などで旧版をご覧になって、この復刊版と震度分布図を比較して頂ければ一目瞭然である。

旧版執筆当時の七十年代後半は、地震発生プロセスに関するショルツ博士のダイラタンシー——拡散仮説が世界的に流行しており、地震予知にバラ色の未来が描かれ、世界各地で地震前兆に関する楽観的な報告が続いていた。また石橋克彦氏が駿河湾部分は安政東海地震の震源域に含まれ、昭和の東南海地震時に割れ残っているので大地震の切迫性が高い、とする駿河湾大地震切迫説を発表した直後である。本書は史料にある被害状況から今後に備えるという趣旨が中心であるが、史料にある地震前兆かと思われるような記述に関して随所に紹介しているのは、そうした時代の雰囲気が宇佐美先生にも幾分か影響を与えたことと、史料収集の事業拡大が地震予知計画のもとで漸く実現できたことに先生が真面目に対応した結果でもあるだろう。これらのうち、特に日本海側に屢々見られる地震前の地殻変動というのは、どの程度信頼できることで、なぜ現れるか、今日でも研究に値するだろう。

また、地震の時の上下方向のゆれが重力加速度以上となって、物が引きずり跡なしに、飛び上がって移動したと思しき史料があることに触れられている。九〇年代までは、地震の上下の揺れは重力を越えないどころか、せいぜいその半分程度であろうという固定観念を多くの専門家が持っていた。紹介されている古文書の記述は誇張だろうと思い込む人が多数派だった。しかし今日では、地震の加速度を計測する観測網が充実して、重力加速度を超えるような揺れも大地震の震源域に近い所では実際にあることが実証されている。但し、本文一四七頁に挙げられている「門柱が抜けた」のは、私は蓮池町という地名から、液状化による抜け上がりではないかと推測している。

本書執筆以降の宇佐美先生ご自身の収集の成果に加えて、阪神淡路大震災後に各地の活断層に関してトレンチ調査など地質的調査が沢山実施されたことによって、現在では一章の慶長地震は有馬—高槻断層帯、二章の地震は琵琶湖からは比良山地を挟んだ西側にある三方―花折断層帯でそれぞれ発生したこと、琵琶湖西岸断層では、方丈記に登場する一一八五年に発生した元暦近江の地震が最も新しいものであること、十二章の飛越地震は跡津川断層に発生した大地震であったことが明らかになっている。六、七、八章にある東日本の日本海側に連なるように発生している地震群には、一九八三年日本海中部地震、一九九三年北海道南西沖地震が沖に加わり、平成十六年新潟県中越地震が八章の三条地震の南側に、その西側の沿岸部に平成十九年新潟県中越沖地震が、同年の能登半島沖地震に続いて発生して、日本海東縁部という地震多発地帯として地下構造探査や稠密地震観測などが色々行われた。最近では一八三三年の地震は天保出羽沖地震と呼ぶべきで、日本海中部地震と同様に日本海側では大地震で、広範囲な津波被害があったことが判ってきている。大規模地震対策特別措置法が昭和五十三年には制定され、石橋説の想定東海地震がクローズアップされたため、十章で大阪など限られた教訓が紹介されている安政東海・南海両地震に関しては、宇佐美先生ご自身史料を細かく解析され、詳細震度分布図をその後出されている。このように、本書の発刊後三分の一世紀の間には、種々の物理探査や観測、野外調査と、収集された史料からの情報とで、古地震の理科的な研究は長足の進歩を遂げている。

しかし、一般にはどうも地震被害は相変わらず「喉元過ぎれば熱さ忘れる」と同じであるようだ。四章に紹介がある八重山津波後に高地移転した集落が、一世代も経ないで便利な元の低地に戻ってしまうのと同様、結局は極めて低頻度の地震災害への備えを恒久的に続けられる人はいつの時代も少数派であるようだ。一例を挙げよう。十章の末尾に浜口梧陵の築いた堤防の昭和南海地震時の効果を宇佐美先生は気にされている。宇佐美先生と同様日本地震学会名誉会員である津村建四朗先生は、梧陵の広村堤防の広川町出身である。小学生になると毎年掌に一杯の土を運んで広村堤防にくっつけて補修のまねごとをして、梧陵の偉業を偲ぶという学校行事にも参加しており、十三歳の冬の明け方前に昭和南海地震が発生すると、家中起き出して津波避難を考えたという。でもまだ暗くて寒い十二月二十一日の午前四時半である。「この程度の揺れでは逃げなくても大丈夫だろう」と一家でぐずぐずしていたところ、暫くしてゴーっという音が海から聞こえてきた。それからはまさに「津波てんでんこ」。高台へ行けば良いということは全員判って居たので各自行動に移った。家族で一番年少だった津村先生は早々に親兄弟とはぐれて、小高い八幡様を一人目指しながら、途中の田んぼで踝あたりまで津波に浸かったという。幸い津波にさらわれることなく、広八幡の丘の上で家族に再会できたのだが。避難が遅れたのに波にさらわれなかったのは、昭和南海地震が安政より規模が小さく津波が低かったことと、梧陵の広村堤防が津村先生の避難経路の領域では、津波の威力をそぐ効果を十分発揮してくれたこととによる。残念ながら梧陵の堤防がカバーしていなかった湯浅湾の南端の方では、津波が減衰せずに襲来して、学校の校長先生の奥様などの犠牲者がでたという。広村堤防は効果があった。しかし毎年広村堤防の恩義を新たにする行事をしている集落でさえも、九十年も後には必要な避難を頭では判っていても実践するのが遅れてしまったのである。
　本書執筆時から歴史地震研究は確実に進展し、ここで取り上げられた地震像には追加や変更が多い。しかし、地震前後の理科的な被害地域の様子だけでなく、被害後の社会の有様や、当時の為政者や被災民の対応など、歴史地震がブームとなっている今だからこそ、もう一度広く知って頂きたいことが、本書にはふんだんに紹介されている。このような本書の復刊が、少しでも自分の地域の過去の地震災害に目を向けるきっかけになって頂ければと願う。各地の地域史から災害に弱い部分など地域の特性が自ずと地域の人には判るのでは無いだろうか。本書にあるような有名地震ではなくても、各地の地震災害の有様が古文書から判れば、行政が何千通りのシミュレーション結果を示すよりも、住民には得心してもらえて、減災のための協力も容易になるだろう。本書復刊が契機となって、地域ならではの歴史災害に学ぶ活動が活性化して、未だに埋もれている過去の災害に関する史料が次々と発見されて、現代に正しく活かされることを願ってやまない。

（地震予知総合研究振興会地震調査研究センター解析部長）

本書の原本は、一九七八年に そしえて（現アイノア）より刊行されました。

被害地震年表（江戸時代末まで）

有史以来の被害地震で原則としてM6.4以上の地震を選んだが，その他地震の特徴あるいは被害の大小によって取捨選択を行った．

被害摘要欄の最後に〔　〕で示した数字は津波の規模で次のとおり．

〔-1〕波高50cm 以下，無被害．

〔0〕波高１m 前後で，ごくわずかの被害がある．

〔1〕波高２m 前後で，海岸の家屋を損傷し船艇をさらう程度．

〔2〕波高４～６m で，家屋や人命の損失がある．

〔3〕波高10～20m で，400km 以上の海岸線に顕著な被害がある．

〔4〕最大波高30m 以上で，500km 以上の海岸線に顕著な被害がある．

日本暦 （西暦）	北緯 東経	M	地域・被害摘要
年号　年月日			
推古　7Ⅳ27 （599Ⅴ28）		7.0	大和：倒壊家屋を生ず．
天武　7Ⅻ （679　）	33.32° 130.68°	7.0	筑紫：家屋倒壊多く，幅２丈，長さ3000余丈の地割れを生ず．
天武　13Ⅹ14 （684Ⅺ29）	32$\frac{3}{4}$° 134$\frac{1}{4}$°	8$\frac{1}{4}$	土佐その他南海東海西海諸道：山崩れ，河湧き，家屋社寺の破壊，人畜の死傷多く，津波襲来，土佐の舟多数沈没，土佐で田苑約10km^{2}海中に沈む．〔３〕
大宝　1Ⅲ26 （701Ⅴ12）			丹波：地震うこと３日，舞鶴沖の冠島（当時東西2.4km，南北6.4km）山頂を残して海中に没すという．〔２〕
和銅　8 （霊亀 1）Ⅴ25 （715Ⅶ 4）	35.1° 137.8°	7.0	遠江：山崩れ天竜川を塞ぎ，数十日後決壊，民家170余区が水没．
和銅　8 （霊亀 1）Ⅴ26 （715Ⅶ 5）	34.8° 137.4°	6$\frac{3}{4}$	三河：正倉47破壊，民家陥没したものあり．
天平　6Ⅳ 7 （734Ⅴ18）			畿内・七道諸国：民家倒壊し，圧死多く，山崩れ，川塞ぎ，地割れが無数に生ず．
天平　16Ⅴ18 （744Ⅶ 6）			肥後：八代，天草，葦北３郡に雷雨地震，田290町，民家470余区，人1520余口漂没し，山

			くずれ280余，圧死40人余，豪雨による洪水の疑いあり．
天平　17Ⅳ27 (745Ⅵ 5)	35.2° 136.6°	7.9	美濃：正倉・仏寺・民家の倒壊多く，摂津では余震が約20日間続き，地裂け，水湧出する．
天平宝字6Ⅴ9 (762Ⅵ 9)	36.0° 137.5°	7≦	美濃・飛騨・信濃：上越後に地変あり，被害不詳．
弘仁　9Ⅶ (818　)	36.5° 139.5°	7.5≦	関東諸国：山崩れ，谷埋まること数里（1里＝約545m），百姓圧死多数．
天長　4Ⅶ12 (827Ⅷ11)	35.0° $135\frac{3}{4}$°	$6\frac{3}{4}$	京都：舎屋多く崩れ，余震が翌年6月に及ぶ．
天長　7Ⅰ 3 (830Ⅱ 3)	39.8° 140.1°	$7\frac{1}{4}$	出羽：秋田の城郭，家屋倒壊，圧死15人，傷100人余．地割れ多く長いものは20〜30丈(60〜90m)．
承和　8 (841　)	36.2° 138.0°	6.5≦	信濃：墻屋が倒壊した．承和8年2月13日以前の地震．
承和　8 (841　)	35.1° 138.9°	7.0	伊豆：里落完からず，死傷あり．同年5月3日以前の地震．
嘉祥　3 (850　)	39.0° 139.7°	7.0	出羽：地裂け，山崩れ，圧死者多数，国府の城柵が傾き倒れる．〔2〕
斉衡　3Ⅲ (856)		$6\frac{1}{4}$	京都：京都およびその南方で屋舎破壊し，仏塔が傾く．
天安　1Ⅲ 3 (857Ⅳ 4)			出羽：大舘北方松峯山伝寿院堂舎揺り崩れる．正史に見当たらず．
貞観　5Ⅵ17 (863Ⅶ10)			越中，越後：山崩れ，谷埋まり民家破壊し圧死者多数．直江津付近の小島破滅．
貞観　10Ⅶ 8 (868Ⅷ 3)	34.8° 134.8°	7≦	播磨，山城：播磨諸郡の官舎堂塔ことごとく破壊，京都で垣屋崩れる．
貞観　11Ⅴ26 (869Ⅶ13)	38.5° 144.0°	8.3	三陸海岸：城郭，門櫓，垣崩れるもの無数，津波多賀城下を襲い，溺死者約1000人．流光昼の如く隠映すという．〔4〕
元慶　2Ⅸ29 (878Ⅺ 1)	35.5° 139.3°	7.4	関東諸国：相模・武蔵でひどく，地陥り，家屋破壊し，死者多数．
元慶　4Ⅹ14 (880Ⅺ23)	35.4° 133.2°	7.0	出雲：社寺，家屋倒壊破損多く，京都でも強く感じる．
元慶　4Ⅻ 6		6.4	京都：官庁民屋頽損多く，余震は翌年2月ま

(881 Ⅰ 13)			で続く．
仁和　3Ⅶ 6 (887Ⅷ 2)			越後：津波を伴い，溺死者数千人という．疑わし．〔2〕
仁和　3Ⅶ30 (887Ⅷ26)	33.0° 135.0°	$8\frac{1}{4}$	五畿七道：京都の民家官庁の倒壊多く，圧死者多数．津波襲来し，摂津で被害最大，余震が8月末まで続く．〔3〕
仁和　3Ⅶ30 (887Ⅷ26)			信濃北部：山崩れ，河を塞ぎ，決壊して大洪水となり6郡で被害．流死多し．疑わし．
延喜　22 (922　　)			紀伊：浦々津波．正史に見当たらず．
承平　8 (天慶 1)Ⅳ15 (938Ⅴ22)	35.0° 135.8°	7.0	京都，大和，紀伊：堂舎，舎屋倒壊，死者あり，高野山伽藍破壊．8月6日にも強震．余震11月まで続く．
天延　4 (貞元 1)Ⅵ18 (976Ⅶ22)	34.9° 135.8°	6.7	山城，近江：両京屋舎仏寺転倒多く，死者少なくなく，余震連月止やず．
長暦　1Ⅻ (1038　　)	34.3° 135.6°		紀伊：高野山中の伽藍，院宇転倒するもの多し．
長久　2Ⅶ20 (1041Ⅷ25)			京都：法成寺の鐘楼倒れる．
延久　2Ⅹ20 (1070Ⅻ 1)	34.8° 135.8°	$6\frac{1}{4}$	山城，大和：東大寺の巨鐘が揺り落ちる．京都で家々の築垣損ず．
寛治　7Ⅱ14 (1093Ⅲ19)		6.1	京都：所々の塔破壊．
嘉保　3 (永長 1)Ⅺ24 (1096Ⅻ17)	34.0° 137.5°	$8\frac{1}{4}$	畿内，東海道：東大寺の巨鐘落ち，諸寺に被害．京都大極殿破損．勢多橋落ちる．余震多く，津波伊勢，駿河を襲い，駿河で社寺民家流失400余．〔2〕
承徳　3 (康和 1)Ⅰ24 (1099Ⅱ22)	33.0° 135.5°	8.1	畿内：興福寺西金堂壊れ，大門が倒れた．土佐で田千余町皆海底に沈む．〔3〕
承徳　3 (康和 1)Ⅷ27 (1099Ⅸ20)			河内：小松寺の講堂倒れる．日時に誤り有るか．
元暦　2	35.0°	7.4	近江，山城，大和：京都特に白河辺の被害大．

(文治 1)Ⅶ9 (1185Ⅷ13)	135.8°		社寺，家屋の倒壊破損多く，死者多数．宇治橋落ち余震9月に及ぶ．
建暦　3 (建保 1)Ⅴ21 (1213Ⅵ18)			鎌倉：山崩れ，地裂け，舎屋破壊す．
延応　2 (仁治 1)Ⅱ22 (1240Ⅲ24)			鎌倉：鶴岡神宮寺倒れ，北山崩れる．
仁治　2Ⅳ 3 (1241Ⅴ22)		7.0	鎌倉：津波を伴い，由比ヵ浜大鳥居内拝殿が流失す．〔1〕
正嘉　1Ⅷ23 (1257Ⅹ 9)	35.2° 149.5°	$7\frac{1}{4}$	関東南部：鎌倉の社寺完きものなく，山崩れ，家屋転倒し，地割れを生ず．余震多数，この日三陸沿岸に津波．別の地震によるものか？震源地あるいは鎌倉付近か？
正応　6 (永仁 1)Ⅳ13 (1293Ⅴ27)		7.0	鎌倉：鎌倉強震．諸寺つぶれ，死者数千人といい，2万3千人余ともいう．この日越後魚沼郡で山くずれ死者多数，地震との関係不明．
正和　6 (文保 1)Ⅰ 5 (1317Ⅱ24)	35.0° 135.8°	$6\frac{3}{4}$	京都：1月3日に強震．余震多く，5日寅の刻大地震，白河辺の人家皆つぶれ死者5人，余震5月になっても止まず．
正中　2Ⅹ21 (1325Ⅻ 5)	35.6° 136.1°	6.5	近江北部：荒地中山（現在の愛発，山中地方）崩れる．竹生島一部湖中に没す．
元徳　3 (元弘 1)Ⅶ 3 (1331Ⅷ15)	33.7° 135.2°	7.0	紀伊：千里浜（田辺市の北）干潟20余町隆起して陸地となるというも疑わしい．
正平　15Ⅹ 5 (1360Ⅺ22)	33.4° 136.2°	$7\frac{3}{4}$	紀伊，摂津など：4日に大震．5日九ッ時再び大地震，津波が熊野，尾鷲から兵庫まで来襲し，人馬牛の死多数というも疑わしい．
正平　16Ⅵ24 (1361Ⅷ 3)	33.0° 135.0°	8.4	畿内，土佐，阿波：山城，摂津より紀州熊野に至る諸堂倒壊破損多し．津波，被害は摂津，土佐，阿波雪湊で流失1700戸，流死60人余，余震多数．〔3〕
応永　10 (1403　)	33.7° 136.5°	7.0	紀伊：津波を伴う，被害不詳．1408年の地震と同じか？〔1〕
応永　14Ⅻ14	33.0°	7.5	紀伊，伊勢：紀伊，伊勢，鎌倉の海岸に津波

(1408Ⅰ21)	136.0°		があったようである．熊野本宮の温泉80日間止まる．〔1〕
応永　30Ⅹ11 (1423Ⅺ23)	39.5° 140.5°	6.5	羽後：建物の倒壊，人畜死傷多し．正史になく，新庄の古老覚書によるという．
永享　5Ⅸ16 (1433Ⅺ 6)	34.9° 139.5°	≧7.0	相模：（子の刻）鎌倉で社寺の被害多く，余震夜明けまでに30余回，20日間続く．〔1〕
永享　5Ⅸ16 (1433Ⅺ 6)	37.7° 139.8°	6.7	会津：会津塔寺八幡宮の建物皆倒れる．前の地震と同日，一応別の地震と考える．
文安　6 (宝徳Ⅰ)Ⅳ12 (1449Ⅴ13)	35.0° $135\frac{3}{4}$°	6.2	山城，大和：洛中堂塔被害多し，西山，東山で所々地裂ける．淀大橋，桂橋落ちる．人馬の死んだものあり．
明応　3Ⅴ 7 (1494Ⅵ19)	34.6° 135.7°	6.0	奈良：諸寺破損，余震多く，翌年に及ぶ．
明応　7Ⅷ25 (1498Ⅸ20)	34.0° 138.0°	8.3	東海道全般：（6月11日に京都，三河，熊野で強震を感じたが被害記録はない）紀伊から房総に至る海岸と甲斐で振動強く，津波が，紀伊から房総に至る海岸を襲い，伊勢大湊で流失1000戸，溺死5000人，静岡県志太郡地方で流死26000人，伊勢志摩で溺死10000人という．浜名湖海に通ず．〔3〕
文亀　1Ⅻ10 (1502Ⅰ28)	37.2° 138.2°	$6\frac{3}{4}$	越後南西部：直江津に壊家死者多く，会津でも地震強し．
永正　7Ⅷ 8 (1510Ⅸ21)	34.6° 135.6°	$6\frac{3}{4}$	摂津，河内：河内藤井寺，常光寺などつぶれ摂津四天王寺石鳥居破壊，大阪で潰死者．
永正　14Ⅵ20 (1517Ⅶ18)			越後：壊家多し．続本朝通鑑にのみ記録あり．
永正　17Ⅲ 7 (1520Ⅳ 4)	33.0° 136.0°	7.4	紀伊：熊野，那智の寺院破壊．津波あり民家流亡す．〔1〕
天正　13Ⅺ29 (1586Ⅰ18)	35.6° 136.8°	7.8	畿内，東海，東山，北陸諸道：飛騨白川谷で山崩れ，城，民家300余戸倒壊埋没，多数圧死．大垣壊家多く，尾張長嶋被害大．近江長浜で数十人圧死，阿波にも地割れ，余震は年をこえてもやまず．
天正　17Ⅱ 5 (1589Ⅲ21)	34.8° 138.2°	6.7	駿河，遠江：民家多く破倒．

文禄 1Ⅸ 3 (1592Ⅹ 8)		6.7	下総：江戸に多少の被害があった模様.
文禄 5 (慶長1)閏Ⅶ9 (1596Ⅸ 1)	33.3° 131.6°	7.0	豊後：7月3日より前震，閏7月9日夕刻大地震．高崎山など崩れる．大津波襲来．別府湾岸に被害，大分と付近の邑里皆流失．佐賀関で，崖崩れ，家屋倒れ，60余町歩流没．瓜生島80％陥没という，死者708人〔2〕
文禄 5 (慶長1)閏Ⅶ13 (1596Ⅸ 5)	34.8° 135.4°	7.5	京都および畿内：三条より伏見の間被害最も多く，伏見城天主大破，約600人圧死．諸寺民家の倒壊死傷多く，大阪，神戸でも壊家多く，堺で死者600人余．奈良，余震翌年に及ぶ．阪神淡路大震災に似ている．
慶長 9Ⅻ16 (1605Ⅱ 3)	{33.5° 138.5° {33.0° 134.9°	7.9 7.9	東海，南海，西海諸道：震害の記録としては，淡路島，安坂村，千光寺で諸堂倒れ仏像が飛散る．津波は，犬吠岬より九州に至り，八丈島で死57人，三崎で溺死153人，浜名湖付近の橋本で100戸中80戸流失し，死者多く，紀州西岸広村で1700戸中700戸流失．阿波の鞆浦で波高10丈，死100人余，宍喰で波高2丈，死1500人余．土佐甲浦で死350人余，崎浜で50人余，室戸岬付近で400人余．九州では，東目（大隈）より西目（薩摩）に大波が寄せ，死者あり．二つの地震が同時に発生したと考えられる．〔3〕
慶長 16Ⅷ21 (1611Ⅺ27)	37.6° 139.8°	6.9	会津：岩代西部，若松付近で被害大．社寺民家倒壊大破20000余戸．死3700人．山崩れで会津川，只見川塞ぎ，南北60kmの範囲に多数の沼，山崎湖を作る．
慶長 16Ⅹ28 (1611Ⅻ 2)	39.0° 144.4°	8.1	三陸および北海道東岸：三陸地方強震，震害軽く，津波の被害大．伊達領内で死1783人，南部，津軽で人馬死3000余．三陸地方で家屋流失多く，溺死者1000をこえる．岩沼付近で家屋皆流失．北海道東部で溺死者多し．〔4〕
慶長 19Ⅹ25 (1614Ⅺ26)			越後高田：震域は広く，会津，小田原，伊豆，駿府，伊那，奈良，大阪，田辺，松山などで

			大地震．津波あり，死者多し．詳細不明．疑わしき点あり．〔2〕
慶長　20 (元和Ⅰ)Ⅵ 1 (1615Ⅵ26)	35.7° 139.7°	6.5	江戸：家屋破倒，死傷多く，地割れを生ず．
元和　2Ⅶ28 (1616Ⅸ 9)	38.1° 142.0°	7.0	仙台：仙台城破損，津波あり．江戸で有感．
寛永　7Ⅵ24 (1630Ⅷ 2)	$35\frac{3}{4}$° $139\frac{3}{4}$°	$6\frac{1}{4}$	江戸：江戸城石垣，塀などくずれる．岡崎で有感．
寛永　10Ⅰ21 (1633Ⅲ 1)	35.2° 139.2°	7.0	相模，駿河，伊豆：小田原城矢倉，門塀などことごとく破壊，民家倒壊多く，圧死150人，箱根で山崩れ，熱海に津波襲来．〔1〕
寛永　17Ⅹ10 (1640Ⅺ23)	36.3° 136.2°	6.5	加賀大聖寺：家屋の損壊多く，人畜の死傷多し．
寛永　21 (正保 1)Ⅸ18 (1644Ⅹ18)	39.4° 140.0°	6.5	羽後本荘：本荘城大破，屋倒れ人死す．石沢村にも壊家死傷者あり．院内村で地裂け水湧く．
正保　3Ⅳ26 (1946Ⅵ 9)	38.1° 140.6°	6.6	陸前：仙台城の石壁数十丈崩れ，櫓３つ倒れる．白石城破損．日光東照宮の垣破損．江戸でも強し．
正保　4Ⅴ14 (1647Ⅵ16)		6.5	武蔵，相模：江戸城破損．大名屋敷民家破損，死少なからず．余震多し．
慶安　1Ⅳ22 (1648Ⅵ13)	35.2° 139.2°	7.0	相模：小田原城破損，壊家多く，江戸にて屋根瓦落ち，土蔵や練塀半ば崩れ倒れる．
慶安　2Ⅱ 5 (1649Ⅲ17)	33.7° 132.5°	7.0	伊予，安芸：松山城城壁くずれ，壊家少々．宇和島城石垣116間くずれ，民家も破損．
慶安　2Ⅵ21 (1649Ⅶ30)	35.8° 139.5°	7.0	武蔵，下野：川越で町家700軒大破，近くの村で田畑３尺ゆり下る．江戸城石垣破損，家屋破損し圧死多し．余震日々40～50回．
慶安　2Ⅶ25 (1649Ⅸ 1)	35.5° 139.7°	6.4	江戸，川崎：川崎駅の民家140～150，寺７崩壊．近くの村で民家破倒し死傷多し．
万治　2Ⅱ30 (1659Ⅳ21)	37.1° 139.8°	6.8	岩代，下野：会津領で民家倒壊，死28人．塩原温泉で民家倒壊，死11人．
寛文　2Ⅴ 1 (1662Ⅵ16)	35.3° 135.9°	7.4	山城，大和，河内，和泉，摂津，丹後，若狭，近江，美濃，伊勢，駿河，三河，信濃：比良

			岳付近の被害大．唐崎で田畑85町湖中に没し，壊家1570，大溝，彦根で壊家各1000余．滋賀榎村死300人．所川村300人中生残り37人．京都で町屋倒壊1000，死200人余．諸所の城破損．
寛文　2Ⅸ20 （1662Ⅹ31）	31.7° 132.0°	7.6	日向，大隅：佐土原，県，秋月，高鍋，飫肥の諸城邑に被害．山崩れ，津波を生じ，壊家3600，死20人余，宮崎県沿岸7ヵ村周囲7里35町の地没して海となる．〔2〕
寛文　5Ⅻ27 （1666Ⅱ 1）	37.1° 138.2°	6$\frac{3}{4}$	越後西部：積雪14～15尺．高田城破損．侍屋敷700余つぶれる．夜火災，死約1500人．
寛文　7Ⅶ 3 （1667Ⅷ22）	40.6° 141.6°	6.2	八戸：市中の建物損害多し．
寛文　10Ⅴ 5 （1670Ⅵ22）	37.7° 139.1°	6$\frac{3}{4}$	越後：上川4万石のうち百姓家503軒禿．死13，植田ゆりこむ．
延宝　4Ⅵ 2 （1676Ⅶ12）	34.5° 131.8°	6.5	石見：津和野城，侍屋敷破損．家屋倒壊133（内土蔵8）．死7人．
延宝　5Ⅲ12 （1677Ⅳ13）	41.0° 142$\frac{1}{4}$°	7.4	陸中南部：八戸に震害．余震多く，津波により，大槌浦，宮古浦，鍬ヵ崎浦被害．〔2〕
延宝　5Ⅹ 9 （1677Ⅺ 4）	35.5° 142.0°	8.0	磐城，常陸，安房，上総，下総：上旬より地震多く，常磐・房総に津波．小名浜，神白，永崎にて溺死80人．水戸領の壊家189，溺死36人，房総で倒家220余，死261人，岩沼領で流家490余，死123人．津波は尾張，八丈にも及ぶ．〔2〕
延宝　6Ⅷ17 （1678Ⅹ 2）	39.0° 142.5°	7.5	陸中：花巻城石垣崩れ，家屋損壊，死1人．白石城破損．江戸にて天水桶の水が溢れる．
天和　3Ⅴ23 （1683Ⅵ17）	36.7° 139.6°	6$\frac{1}{4}$	日光：4月5日より地震多く，23日60余回．大地震起こり，東照宮等の石の宝塔崩れる．北方の山崩れる．
天和　3Ⅴ24 （1683Ⅵ18）	36.8° 139.7°	6.7	日光：卯刻から辰の刻まで地震7回．巳下刻に大地震．石垣，燈籠くずれ，坊舎大小破れる．夜中までに地震数200回．江戸小被害．
天和　3Ⅸ 1 （1683Ⅹ20）	36.9° 139.7°	7.0	日光，南会津：三依川五十里村で山崩れ川塞ぐ．日光で山崩れ，1日，2日で地震約760余回．1日より晦日までに約1400回．

貞享　2Ⅻ10 (1686 Ⅰ 4)	34.0° 132.6°	7.2	安芸：壊家多く死者あり，備後三原城石垣ふくらみだす．長門にて城の石垣崩れる．伊予被害あり．道後温泉黄濁．
貞享　3Ⅷ16 (1686 Ⅹ 3)	34.7° 137.6°	7.0	遠江，三河：新居の関所番所町家破壊し，死者あり，三河田原城矢倉屋敷破損死者あり．
元禄　7Ⅴ27 (1694Ⅵ19)	40.2° 140.1°	7.0	能代地方：42ヵ村被害．秋田領で死394人，壊家1273，焼失859，破損447，秋田，弘前で被害あり，岩木山で岩石崩落，硫黄平火を発す．
元禄　10Ⅹ12 (1697Ⅺ25)	35.4° 139.6°	6.5	相模，武蔵：鶴岡八幡宮の鳥居倒れ，壊家あり．江戸平川口梅林坂御多門の石垣崩れる．
元禄　13Ⅱ26 (1700Ⅳ15)	33.9° 129.6°	7.0	壱岐・対馬：壱岐で家潰89軒，堤石崩れ８ヵ所，対馬で石垣崩れ1136間．
元禄　16Ⅺ23 (1703Ⅻ31)	$33\frac{1}{4}$° 131.4°	6.5	油布院・庄内：領内山奥22ヵ村で家潰273軒，石垣崩れ15000余間，地破れ17000余間，死１，油布院筋・大分郡で家壊580軒．
元禄　16Ⅺ23 (1703Ⅻ31)	34.7° 139.8°	8.1	江戸，関東諸国：武蔵，相模，安房，上総で震度大．小田原領で出火し壊家7700余，死2303人，江戸本所あたりで壊家多し．津波は下田から犬吠岬に至る海岸に押寄す．震災地を通じ，壊家22424，死約10300余人，三浦房総両半島沿岸が最大約５m隆起．**元禄地震**〔３〕
宝永　1Ⅳ24 (1704Ⅴ27)	40.4° 140.0°	7.0	羽後，津軽：能代で被害最大．1250戸中倒壊435，焼失758．死58人．山崩れ多く十二湖を生ず．岩館付近の海岸で最大1.9m隆起．
宝永　4Ⅹ 4 (1707Ⅹ28)	33.2° 135.9°	8.6	五畿七道：全体で潰家59272，死5049人，家屋倒壊範囲は，東海道から中国，九州に及ぶ．震害は，東海道，伊勢湾，紀伊半島で最もひどく，袋井全滅，田辺で431戸中158戸つぶれ，大坂壊家1061，死734人，徳島で630戸倒壊．津波は伊豆半島から九州に至る沿岸を襲い，瀬戸内海にも達す．土佐で流家11170，死1844人．尾鷲で死530人余．波高は室戸，種崎23m（溺死700余），久礼25.7m．室戸で1.5m，串本で1.2m，御前崎で１～２m隆起し，高知市の東20㎢が最大２m沈下，海水に

			浸される．遠州灘沖および紀伊半島沖の２つの地震とも考えられる．**宝永地震**〔４〕
宝永　7Ⅷ22 (1710Ⅸ15)	37.0° 141.5°	6.5	いわき：城の櫓破損．潰９軒．８月20日に前震（？）．会津で舎屋破壊．
宝永 7閏Ⅷ11 (1710Ⅹ 3)	35.5° 133.7°	6.5	伯耆，美作，因幡：河村，久米両郡で被害最大．倉吉で土蔵損じ，八橋町で60余戸つぶれる．大山で石垣崩れ，美作で死者多し．
宝永　8 (正徳 1)Ⅱ 1 (1711Ⅲ19)	35.2° 133.8°	$6\frac{1}{4}$	伯耆，美作，因幡：美作大庭郡，真島郡で全壊118，山崩れ70ヵ所，因幡，伯耆で壊家380余，死４人．大山に山崩れ．京都有感．
正徳　4Ⅲ15 (1714Ⅳ28)	36.7° 137.8°	$6\frac{1}{4}$	信濃大町：大町付近に被害甚しく全半壊330余，死56人．山崩れのため姫川満水し，壊家の多くは流失．長野で石垣崩れ，石燈籠倒れる．
享保　2Ⅳ 3 (1717Ⅴ13)	38.5° 142.5°	7.5	花巻：家屋破損多く，地割れ，泥噴出．仙台城で石垣崩る．津軽で天水桶の水がこぼれ，江戸でやや強．
享保　3Ⅶ26 (1718Ⅷ22)	35.3° 137.9°	7.0	信濃，伊那：伊那遠山谷で山崩る．飯田長久寺唐門倒れる．日光・尾張でも地震を感じる．和田で森山崩れ死５．
享保　8Ⅺ22 (1723Ⅻ19)	32.9° 130.6°	6.5	肥後・豊後・筑紫：肥後で倒家980軒，死２人，山本郡慈思寺温泉湧き出る．
享保　14Ⅶ 7 (1729Ⅷ 1)	37.4° 137.1°	6.8	能登，佐渡：鳳至，珠州両郡で家屋損壊791，山崩れ1730間，死５人，佐渡に壊家死者ありという．
享保　16Ⅸ 7 (1731Ⅹ 7)	38.0° 140.6°	6.5	岩代：桑折で家屋300余くずれ，橋84落ちる．白石城の石垣崩れ，仙台で被害多し．
享保　18Ⅷ11 (1733Ⅸ18)		6.6	安芸：奥郡に被害あり．因幡の国も強震．
寛保　1Ⅶ18 (1741Ⅷ28)	41.6° 139.4°	6.9	渡島西岸，津軽，佐渡：北海道西岸沖の大島上旬より活動し，18日に津波があり，北海道で流家729，流死1953人，津軽（鰺ヶ沢）で流家82，流死８人，佐渡でも流失家屋は少なくなかった．〔３〕
寛延　2Ⅳ10 (1749Ⅴ25)	33.3° 132.6°	$6\frac{3}{4}$	伊予宇和島：宇和島城楼破損，他被害多．広島，土佐，鳥取で地震を感ず．

寛延　4 (宝暦 1) II 29 (1751 III 26)	35.0° 135.8°	$5\frac{3}{4}$	京都：築地，町屋破損，越中で強く感じ，鳥取でも感じる．余震4～5ヵ月続く．
寛延　4 (宝暦 1) IV 26 (1751 V 21)	37.1° 138.2°	7.2	越後，越中：高田城下被害．名立崩れを生ず．死1539人，家潰8088余．
宝暦　12 IX 15 (1762 X 31)	38.1° 138.7°	7.0	佐渡：相川庁舎石垣崩れ，銀山道筋岩山くずれ死者あり．鵜島村で津波，潮入り5軒，願村で流家18．日光で地震を感ず．〔1〕
宝暦　12 XII 16 (1763 I 29)	41.0° $142\frac{1}{4}$°	7.4	陸奥八戸：11月初めより地震あり，この日大地震家屋破損．地割れあり．函館で強く感じる．津波あり．余震多し．〔1〕
宝暦　13 I 27 (1763 III 11)	41.0° 142.0°	$7\frac{1}{4}$	陸奥八戸：旧冬以来地震止まず，市中建物の倒壊が昨冬の倍．
宝暦　13 II 1 (1763 III 15)	41.0° 142.0°	7.0	陸奥八戸：湊村津波に襲われ，家屋人馬の流出が多く，余震3～4月まで止まず．
明和　3 I 28 (1766 III 8)	40.7° 140.5°	$7\frac{1}{4}$	津軽：弘前城破損．各地に地割れ．弘前領で，寺社，侍屋敷，町屋倒壊約5300，焼失220余，潰死979人，焼死298人，青森町で全半壊269，焼失108，圧死101人，焼死91，余震は翌日夜明けまでに約120回，12月になっても止まず．2月8日の余震強く，家屋破損．
明和　6 VII 28 (1769 VIII 29)	33.0° 132.1°	$7\frac{3}{4}$	日向，豊後：大分城，寺社町屋破損多．高鍋，延岡城破損．〔1〕
明和　8 III 10 (1771 IV 24)	24.0° 124.3°	7.4	宮古，八重山両群島：震害はなさそう．津波による被害は甚大．石垣島で最高28丈（一説によると約40m），全体で家屋全壊2177，溺死9313人．**八重山地震津波**〔4〕
明和　9 (安永 1) V 3 (1772 VI 3)	39.4° 141.9°	$6\frac{3}{4}$	陸前，陸中：山田，大槌，沢内などで山くずれ，人馬が死ぬ．仙台領でも墻屋壊敗多し．
安永　7 I 18 (1778 II 14)	34.6° 132.0°	6.5	石見：那賀郡波佐村で石垣崩れる．安芸より備前まで振動が強く，筑前，筑後で有感．
安永　9 IV 28 (1780 V 31)	45.3° 151.2°	7.0	ウルップ島：地震後津波あり，東岸ワニノウに碇泊中のロシア船が山上に打上げられ4人

			溺死．〔1〕
天明　2Ⅶ15 (1782Ⅷ23)	35.4° 139.1°	7.0	相模，武蔵：小田原城の櫓，石垣破損．民家破壊約1000戸余．津波あり．箱根で山崩れ，江戸で壊家死者あり．名古屋，富山，金沢，飛騨でも地震を感ず．17日の余震により沼津付近に壊家があった．〔1〕
寛政　1Ⅳ17 (1789Ⅴ11)	33.7° 134.3°	7.0	阿波：寺院，町家土蔵に被害あり．山崩れあり，室津でも石垣が崩れ地裂く．広島，鳥取で有感．
寛政　4Ⅳ 1 (1792Ⅴ21)	32.8° 130.3°	6.4	温泉岳：前年10月8日から地震鳴動頻発．正月18日より噴火が始まる．この日2回強い地震があり，前山東部崩れ，崩土0.32km^{3}島原海に入り津波を起こす．津波は3回襲来し，波高は30尺くらい．津波による死者全体で15000余人．島原領内の家流失3347軒．〔3〕
寛政　4Ⅳ24 (1792Ⅵ13)	43$\frac{3}{4}$° 140.0°	7.1	後志，積丹沖：津波があり，忍路で港の岩壁が崩壊，海岸の夷舟皆漂流，出漁中の夷人5溺死．美国で溺死若干．〔2〕
寛政　4Ⅻ28 (1793Ⅱ 8)	40.8° 140.0°	7.0	西津軽：鰺ヶ沢，深浦，岩木山付近で激しく，全壊154，死12人．発震数時間前より大戸瀬を中心に海岸12kmにわたり，最高3.5m隆起．〔1〕
寛政　5Ⅰ 7 (1793Ⅱ17)	38.5° 144.4°	8.2	陸前，陸中：仙台藩で1060余戸壊れ，死12人．津波があり，全体で家1730戸流出，死者44人余．波高は大船渡で9尺．〔2〕
寛政　11Ⅴ26 (1799Ⅵ29)	36.6° 136.7°	6.0	加賀：上下動が著しく，屋根石は1尺も飛上がったという．金沢城下で，石垣破損28，壊家26，能美，石川，河北3郡で全壊964，死者全体で21人，地割れの開閉が観察される．余震は8月になっても止まず．
享和　1Ⅳ15 (1801Ⅴ27)	35.3° 140.1°	6.5	上総：久留里城内櫓，塀多く破損し，民家倒壊多し．史料は少なく詳細は不明．
享和　2Ⅺ15 (1802Ⅻ 9)	37.8° 138.4°	6$\frac{3}{4}$	佐渡：地震に先立ち，沢崎赤泊間の海岸隆起，小木2m隆起．小木で453戸ほとんど全壊．死者18人．佐渡3郡で壊家732，焼失328，死．

			者19人
文化　1Ⅵ 4 (1804Ⅶ10)	39.0° 140.0°	7.0	羽前，羽後：**象潟地震**．5月より鳴動あり，全体で死者313人，壊家5393余り．象潟湖隆起し陸および沼になる．6日朝強震，酒田で壊家15.
文化　7Ⅷ27 (1810Ⅸ25)	39.9° 139.9°	6.5	羽後：男鹿半島の東半分が5月から鳴り動く．8月中旬より地震頻発．27日10時頃強震，同日15時大地震．全壊1003，半壊400，死57人，八郎潟西岸約1m隆起.
文政　2Ⅵ12 (1819Ⅷ 2)	35.2° 136.3°	$7\frac{1}{4}$	伊勢，美濃，近江：琵琶湖東岸から木曽川下流にかけて被害著しく，近江八幡で壊家107，津，山田，金沢，敦賀，小浜，奈良，河内にも小被害.
文政　11Ⅺ12 (1828Ⅻ18)	37.6° 138.9°	6.9	越後：激震地域は燕，三条，今町，見付，長岡，寺坂を囲む範囲．三条，見付全壊全焼．全壊13149，半壊3639，焼失1200，死1681人.
文政13 (天保 1)Ⅶ 2 (1830Ⅷ19)	35.1° 135.6°	6.5	京都および隣国：御所，二条城，諸寺破損．京中の土蔵すべてこわれる．民家の倒壊0.1%以下という．京都で死280人，亀山，伏見，大津，伊丹などで被害．余震は翌年の1月までに1500余回.
天保　4Ⅳ 9 (1833Ⅴ27)	35.5° 136.6°	$6\frac{1}{4}$	美濃西部：大垣付近，山崩れ89ヵ所，死11，傷22．京都，伊那で地震が強く，飛騨，鳥取で有感.
天保　4Ⅹ26 (1833Ⅻ 7)	38.9° $139\frac{1}{4}$°	7.5	羽前，羽後，越後，佐渡：庄内地方の被害が最大．庄内で壊家475，死44人．津波が象潟から新潟に至る海岸と佐渡を襲い，佐渡で流失家79．能登，函館で有感，津波あり．〔2〕
天保　5Ⅰ 1 (1834Ⅱ 9)	43.3° 141.4°	6.4	蝦夷石狩：地割れ，泥を噴出し，アイヌの家全壊23．余震2月22日頃まで続く.
天保　6Ⅵ25 (1835Ⅶ20)	38.5° 142.5°	7.0	仙台：城の石垣が崩れ，家土蔵に破損あり．江戸で有感.
天保　10Ⅲ18 (1839Ⅴ 1)		7.0	釧路，厚岸：国泰寺門前の石燈籠が倒れ，戸障子が破損．津軽で地震を強く感じる.
天保　12Ⅲ 2	35.0°	$6\frac{1}{4}$	駿河：駿府城の石垣崩れ，久能山東照宮諸堂

(1841Ⅳ22)	138.5°		が破損．地割れ水を噴出．三保の松原で砂地3000坪沈下．江戸，伊那で有感．
天保　14Ⅲ26 (1843Ⅳ25)	42.0° 146.0°	7.5	釧路，根室：津波あり，釧路で高さ15尺の波が２回．釧路，根室全体で溺死46人，家破壊76．江戸で有感．〔２〕
弘化　4Ⅲ24 (1847Ⅴ 8)	36.7° 138.2°	7.4	北信および越後西部：**善光寺地震**．被害範囲は高田から松本，上田に至る南北90km，東西40kmの地域．壊家19831，死8174人余．断層を生じ，長野市付近で落差2.4m．山崩れ松代領内で41000，松本領で1477ヵ所．犀川が堰止められ数十ヵ村が水没す．４月13日に決壊洪水を生じる．
弘化　4Ⅲ29 (1847Ⅴ13)	37.2° 138.3°	6.5	越後頸城郡：３月24日とこの日の地震で高田領内で全壊約500余，死は少なかった．
嘉永　6Ⅱ 2 (1853Ⅲ11)	35.3° 139.1°	6.7	相模小田原付近：天主の瓦壁が落ちる．全半潰約3400，死24人．
嘉永　7Ⅵ15 (1854Ⅶ 9)	$34\frac{3}{4}$° 136.1°	$7\frac{1}{4}$	伊賀，伊勢，大和および隣国：12日から前震があった．上野付近で壊家2270，死625人，四日市で壊家371，死198人余，奈良で全壊700～800，死280人，大和郡山で死50人．被害範囲が広く，木津川断層系の活動による．
嘉永　7Ⅺ 4 (1854Ⅻ23)	34.0° 137.8°	8.4	東海，東山，南海諸道：家屋倒壊範囲は伊豆から伊勢に至る沿岸と，甲斐，信濃，近江，越前，加賀に及ぶ．津波は，房総から土佐に至る沿岸を襲い，下田で875戸中841戸流失，碇泊中のロシア軍艦ディアナ号大破，27日沈没．波高は甲賀10m，鳥羽５～６m，錦浦６m余，二木島９m，尾鷲６m．御前崎で80～100cm隆起，浜名湖北端，渥美湾沿岸は沈下．全体で倒壊流失35000余，焼失6000，死900余，**安政東海地震**〔３〕
嘉永　7 (安政 1)Ⅺ15 (1854Ⅻ24)	33.0° 135.0°	8.4	畿内，東海，東山，北陸，南海，山陰，山陽道：前の地震の32時間後．被害は，近畿，中国，四国全部と九州，中部地方の一部に及び，津波は房総から九州に至る海岸を襲う．全壊

			20000，半壊20000，焼失7000，流失16000，死者約1700人．波高は久礼16.1m，種崎11m，室戸3.3m，宍喰5～6m．室戸，紀伊半島は南上がりの傾動を示し，室戸，串本で1.2m隆起，甲浦，加太で約1m沈下，浸水．**安政南海地震**〔4〕
嘉永　7 (安政 1) XI 7 (1854 XII 26)	33$\frac{1}{4}$° 132.0°	7.4	伊予西部：伊予大洲，吉田鶴崎で壊家あり，大分，小倉でも壊家あり．
安政　2 X 2 (1855 XI 11)	35.6° 139.8°	7.1	江戸：江戸とその東，径20kmの範囲に被害大．山手で被害少なく，下町被害大．江戸の被害壊家焼失14346，町人の死4700人余．有感半径500kmに達す．出火30余ヵ所．焼失面積2.3km^2，**江戸地震**
安政　3 VII 23 (1856 VIII 23)	41.0° 142.5°	7.5	日高，胆振，渡島，津軽，南部：19日より前震．震害はきわめて軽かった．有感範囲は江戸，中仙道に及ぶ．津波が，北海道太平洋岸，三陸を襲う．波高，函館3m，野田6m，釜石3m．南部領で家屋流失93，潰100，流死26人．〔2〕
安政　3 X 7 (1856 XI 4)	35.7° 139.5°	6$\frac{1}{4}$	江戸：壁の剥落，その他の被害あり．久米川で家屋倒壊15という．
安政　4 VIII 25 (1857 X 12)	34.0° 132$\frac{3}{4}$°	7$\frac{1}{4}$	伊予，安芸：今治，大洲，西条で被害が多く壊家あり，広島で家屋が破壊し死者あり．
安政　5 II 26 (1858 IV 9)	36.4° 137.2°	7.0	飛騨，越前，越中，加賀：飛騨北部で全壊323．半壊377，死209人，高岡，石動，金沢などで壊家多数．山崩れ多く，成願寺川上流堰止められ，3月10日，4月26日に泥水を押出し，金沢領で流失及壊家1612，溺死146人．
文久　1 IX 18 (1861 X 21)	38.6° 141.2°	6.4	陸前，陸中，磐城：仙台城破損，壊家，死傷あり．陸前で被害が多かった．
元治　2 (慶応 1) I 29 (1865 II 24)	35.0° 135.0°	6$\frac{1}{4}$	播磨，丹波：加古川上流杉原谷で家屋破壊が多かった．

著者略歴
一九二四年　東京市浅草区に生まれる
一九四九年　東京大学理学部卒業
現　　在　東京大学名誉教授　理学博士

〔主要著書〕
『地震災害』（共著、共立出版、一九七三年）、『地震と情報』（岩波書店、一九七四年）、『地震予知の方法』（共著、東京大学出版会、一九七八年）、『東京地震地図』（新潮社、一九八三年）、『建築のための地震工学』（共著、市ヶ谷出版社、一九九〇年）、『地震と建築被害』（市ヶ谷出版社、一九九〇年）ほか

読みなおす日本史

大地震
古記録に学ぶ

二〇一四年（平成二十六）九月一日　第一刷発行

著　者　宇《う》佐《さ》美《み》龍《たつ》夫《お》
発行者　吉川道郎
発行所　株式会社 吉川弘文館
郵便番号一一三—〇〇三三
東京都文京区本郷七丁目二番八号
電話〇三—三八一三—九一五一〈代表〉
振替口座〇〇一〇〇—五—二四四
http://www.yoshikawa-k.co.jp/
組版＝株式会社キャップス
印刷＝藤原印刷株式会社
製本＝ナショナル製本協同組合
装幀＝清水良洋・渡邉雄哉

ISBN978-4-642-06580-1

刊行のことば

現代社会では、膨大な数の新刊図書が日々書店に並んでいます。昨今の電子書籍を含めますと、一人の読者が書名すら目にすることができないほどとなっています。ましてや、数年以前に刊行された本は書店の店頭に並ぶことも少なく、良書でありながらめぐり会うことのできない例は、日常的なことになっています。

人文書、とりわけ小社が専門とする歴史書におきましても、広く学界共通の財産として参照されるべきものとなっているにもかかわらず、その多くが現在では市場に出回らず入手、講読に時間と手間がかかるようになってしまっています。歴史の面白さを伝える図書を、読者の手元に届けることができないことは、歴史書出版の一翼を担う小社としても遺憾とするところです。

そこで、良書の発掘を通して、読者と図書をめぐる豊かな関係に寄与すべく、シリーズ「読みなおす日本史」を刊行いたします。本シリーズは、既刊の日本史関係書のなかから、研究の進展に今も寄与し続けているとともに、現在も広く読者に訴える力を有している良書を精選し順次定期的に刊行するものです。これらの知の文化遺産が、ゆるぎない視点からことの本質を説き続ける、確かな水先案内として迎えられることを切に願ってやみません。

二〇一二年四月

吉川弘文館

読みなおす日本史

飛　鳥 その古代史と風土	門脇禎二著	二五〇〇円
犬の日本史 人間とともに歩んだ一万年の物語	谷口研語著	二一〇〇円
鉄砲とその時代	三鬼清一郎著	二一〇〇円
苗字の歴史	豊田　武著	二一〇〇円
謙信と信玄	井上鋭夫著	二三〇〇円
環境先進国・江戸	鬼頭　宏著	二一〇〇円
料理の起源	中尾佐助著	二一〇〇円
暦の語る日本の歴史	内田正男著	二一〇〇円
漢字の社会史 東洋文明を支えた文字の三千年	阿辻哲次著	二一〇〇円
禅宗の歴史	今枝愛真著	二六〇〇円
江戸の刑罰	石井良助著	二一〇〇円
地震の社会史 安政大地震と民衆	北原糸子著	二八〇〇円
日本人の地獄と極楽	五来　重著	二一〇〇円
幕僚たちの真珠湾	波多野澄雄著	二三〇〇円
秀吉の手紙を読む	染谷光廣著	二一〇〇円

吉川弘文館
（価格は税別）